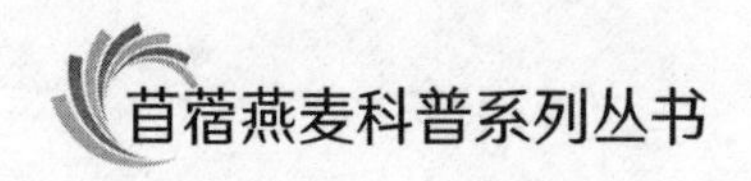

苜蓿种植篇

MUXU YANMAI KEPU XILIE CONGSHU
MUXU ZHONGZHI PIAN

全国畜牧总站　编

中国农业出版社
北　京

MUXU YANMAI KEPU XILIE CONGSHU

苜蓿燕麦科普系列丛书

总 主 编： 贠旭江

副总主编： 李新一　陈志宏　孙洪仁　王加亭

MUXU ZHONGZHI PIAN

苜蓿种植篇

主　　编　孙洪仁　王显国

副 主 编　闫　朝　杨彩林　沈　月　曹　影　刘　琳　吴雅娜　杨晓洁　王建丽

参编人员（按姓名笔画排序）

丁　宁　王　彦　云　颖　包锦泽　朱凯迪
刘江扬　刘宇飞　刘治波　刘爱红　米春娇
孙志强　孙雅源　孙　境　李云宏　李文麒
李明序　宋　梦　宋　婧　杨小可悦
陈　诚　邵光武　武艳玲　赵雅晴　郝小军
钟培阁　贾婷婷　党　峰　倪兴成　常　丽
程　晨　曾　红　谢　勇

美　　编　申忠宝　王建丽　梅　雨

前　言

20 世纪 80 年代初，我国就提出“立草为业”和“发展草业”，但受“以粮为纲”思想影响和资源技术等方面的制约，饲草产业长期处于缓慢发展阶段。21 世纪初，我国实施西部大开发战略，推动了饲草产业发展，特别是 2008 年“三鹿奶粉”事件后，人们对饲草产业在奶业发展中的重要性有了更加深刻的认识。2015 年中央 1 号文件明确要求大力发展草牧业，农业部出台了《全国种植业结构调整规划（2016—2020 年）》《关于促进草牧业发展的指导意见》《关于北方农牧交错带农业结构调整的指导意见》等文件，实施了粮改饲试点、振兴奶业苜蓿发展行动、南方现代草地畜牧业推进行动等项目，饲草产业和草牧融合加快发展，集约化和规模化水平显著提高，产业链条逐步延伸完善，科技支撑能力持续增强，草食畜产品供给能力不断提升，各类生产经营主体不断涌现，既有从事较大规模饲草生产加工的企业和合作社，也有饲草种植大户和一家一户种养结合的生产者，饲草产业迎来了重要的发展机遇期。

苜蓿作为“牧草之王”，既是全球发展饲草产业的重要豆科牧草，也是我国进口量最大的饲草产品；燕麦适应性强、适口性好，已成为我国北方和西部地区草食家畜饲喂的主要禾本科饲草。随着人们对饲草产业重要性认识的不断加深和牛羊等草食畜禽生产的加快发展，我国对饲草的需求量持续增长，草产品的进口量也逐年增加，苜蓿和燕麦在饲草产业中的地位日益凸显。

发展苜蓿和燕麦产业是一个系统工程，既包括苜蓿和燕麦种质资源保护利用、新品种培育、种植管理、收获加工、科学饲喂等环节；也包括企业、合作社、种植大户、家庭农牧场等新型生产经营主体的培育壮大。根据不同生产经营主体的需求，开展先进适用科学技术的创新集成和普及应用，对于促进苜蓿和燕麦产业持续较快健康发展具有重要作用。

全国畜牧总站组织有关专家学者和生产一线人员编写了《苜蓿燕麦科普系列丛书》，分别包括种质篇、育种篇、种植篇、植保篇、加工篇、利用篇等，全部采用宣传画辅助文字说明的方式，面向科技推广工作者和产业生产经营者，用系统、生动、形象的方式推广普及苜蓿和燕麦的科学知识及实用技术。

本系列丛书的撰写工作得到了中国农业大学、甘肃农业大学、中国农业科学院草原研究所、北京畜牧兽医研究所、植物保护研究所、黑龙江省农业科学院草业研究所等单位的大力支持。参加编写的同志克服了工作繁忙、经验不足等困难，加班加点查阅和研究文献资料，多次修改完善文稿，付出了大量心血和汗水。在成书之际，谨对各位专家学者、编写人员的辛勤付出及相关单位的大力支持表示诚挚的谢意！

书中疏漏之处，敬请读者批评指正。

目录

附录

一、品种选择

（一）品种选择原则

1. 为什么要重视品种选择？

正确地选择品种是成功建植苜蓿草地、实现建植目的的关键环节。品种选择不当，可能导致草地建植失败，或产量低、质量差；不能达成建植目的，不能取得应有的经济、社会和生态效益。因此，必须重视苜蓿品种选择。

图 1-1　品种选择很重要

2. 品种选择的匹配原则有哪些？

第一，要与建植目的相匹配。建植目的包括生态环境建设、天然草地改良、绿肥生产和牧草生产等。生态环境建设和天然草地改良应首选当地或同一自然区域内的野生种质材料，其次是地方品种，再次为育成品种，最后才是引进品种。绿肥生产品种选择既要考虑高产，又要考虑短寿。牧草生产品种选择应以高产和优质为核心考量指标。

第二，要与利用方式相匹配。利用方式包括刈割利用、放牧利用和不利用等。刈割利用应选择直立型、耐刈性强、再生性好的高产品种。放牧利用应选择根蘖型、半匍匐型、耐牧性强、再生性好的高产品种。不利用应首选当地或同一自然区域内的野生苜蓿种质材料，其次是地方品种，再次为育成品种，最后才是引进品种。

第三，要与种植制度相匹配。种植制度包括长期生产、短期轮作、季节性复种和套种等。长期生产应选择长寿多年生品种。短期轮作应选择短寿多年生品种。季节性复种和套种，仅利用一年中的某个阶段或相邻年份的衔接时期进行生产，应选择生长迅速的一年生品种。

第四，要与生态环境相匹配。气候条件包括气温、空气湿度和降水等，土地条件包括土层厚度、地下水位、灌溉与排水条件、土壤酸碱度和土壤含盐量等。

图 1－2　品种选择的匹配原则

（二）生态适应性与品种选择

3. 什么是生态适应性原理？

每一种生物都有其一定的生态适应范围，亦称生态适应幅或耐性范围，超出其适应范围，便无法生存；在适应范围内存在一个最适生长范围，最适生长范围内生产力最高。依据生态适应性原理，在选择品种时，一定要选择最适生长范围与当地生态环境条件相吻合的品种，以期取得较高的生产力和较大的效益。

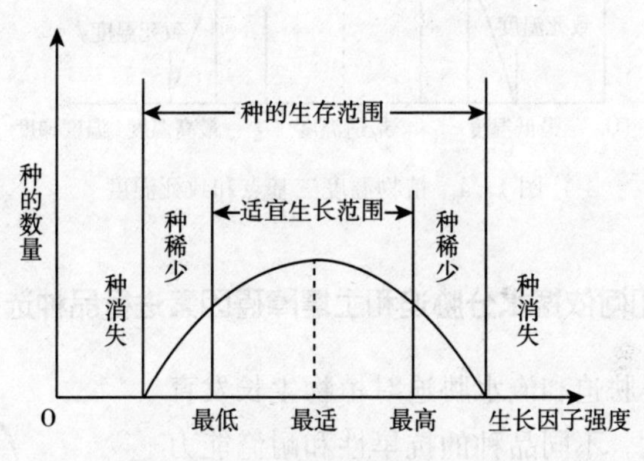

图 1-3　生态适应性原理示意图

4. 何谓植物温度三基点和致死温度？

植物只有在一定的温度范围内才能正常生长发育，过高或过低都将对植物生长发育造成妨碍，直至停止。植物生长发育的最低温度、最适温度和最高温度称为温度三基点。

最适温度下植物生长发育迅速而良好，最高和最低温度下植物停止生长发育，如果温度继续升高或降低，就会对作物产生不同程度的危害，直至死亡。导致植物死亡的极端高温和极端低温称为致死温度。

不同品种的温度三基点和致死温度存在较大差异，适应的气候和地理区域亦不相同。寒冷地区应该选择抗寒品种，炎热地区应该选择耐热品种。

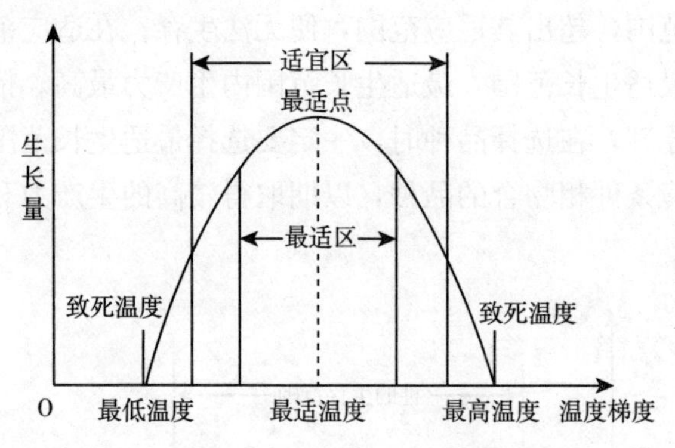

图1-4 植物温度三基点和致死温度

5. 如何依据水分胁迫和土壤障碍因素进行品种选择？

干旱胁迫和淹水胁迫对植物生长发育影响巨大。不同品种的抗旱性和耐淹能力不同。在干旱胁迫区域应该选择抗旱品种，在淹水胁迫区域应该选择耐淹品种。

植物只有在一定的酸碱度和含盐量范围内才能正常生长发育，过高或过低都会妨碍植物生长发育，甚至致死。不同品种的耐酸性和抗盐碱能力不同。酸性土壤应该选择耐酸品种，盐碱土壤应该选择耐盐碱品种。

图1-5 盐碱地品种选择

（三）国家审定登记苜蓿品种

6. 国家审定登记苜蓿品种分别适宜于什么区域种植？

国家审定登记苜蓿品种分为育成品种、地方品种、野生栽培品种和引进品种等四类。截至 2018 年底，国家审定登记苜蓿育成品种 47 个、地方品种 21 个、野生栽培品种 5 个、引进品种 28 个，合计 101 个。

黑龙江、内蒙古、宁夏、甘肃、四川和山东等 6 个省区开展了地方牧草品种审定登记，审定登记了一些苜蓿品种，如农菁系列、宁苜系列和鲁苜系列等。

国家审定登记苜蓿品种的名称、首席育种家、第一育种单位、审定登记年份、类别、特点和适应区域等信息见附录 1。

图 1－6　国家审定登记苜蓿品种类型

7. 国家审定登记苜蓿品种的突出特性有哪些？

除高产、优质之外，国家审定登记苜蓿品种还包括抗寒、抗旱、耐盐碱、耐湿热、耐酸、抗虫、抗病、早熟、晚熟、根蘖型、侧根型和一年生等12个突出特性。

截至2018年底，国家审定登记苜蓿品种中，抗寒品种44个，分别为草原1号、草原2号、草原3号、草原4号、龙牧801、龙牧803、龙牧806、龙牧808、公农1号、公农2号、公农3号、公农4号、公农5号、新牧1号、新牧2号、新牧3号、新牧4号、甘农1号、甘农2号、东苜1号、东苜2号、北林201、图牧1号、图牧2号、东农1号、中草3号、赤草1号、呼伦贝尔、辉腾原、肇东、敖汉、蔚县、偏关、清水、阿勒泰、北疆；润布勒、秋柳、驯鹿、WL168HQ、WL232HQ、阿尔冈金、金皇后、康赛。

抗旱品种30个，分别为草原1号、草原2号、草原3号、草原4号、公农1号、公农2号、公农3号、公农4号、公农5号、东苜1号、东苜2号、北林201、图牧1号、图牧2号、甘农1号、中草3号、赤草1号、敖汉、内蒙古准格尔、偏关、陕北、陇东、陇中、河西、阿勒泰、北疆、呼伦贝尔、蔚县、润布勒、秋柳。

耐盐碱品种10个，分别为中苜1号、中苜3号、中苜5号、中苜7号、沧州、无棣、保定、河西、阿勒泰、淮阴。

耐湿热品种9个，分别为渝苜1号、凉苜1号、淮阴、威斯顿、维多利亚、玛格纳601、玛格纳995、WL525HQ、赛迪10。

耐酸品种2个，分别为渝苜1号、淮阴。

抗虫品种3个，分别为甘农5号、甘农9号、草原4号。

抗病品种2个，分别为新牧4号、中兰1号。

早熟品种8个，分别为新牧1号、新牧3号、新疆大叶、北疆、河西、蔚县、陇东天蓝苜蓿、三得利。

晚熟品种8个，分别为草原3号、赤草1号、偏关、皇冠、金皇后、维多利亚、牧歌401+Z、WL232HQ。

根蘖型品种6个，分别为公农3号、公农4号、甘农2号、清水、润布勒、WL168HQ。

侧根型品种2个，分别为中苜2号、龙牧801。

一年生品种3个，分别为淮扬南苜蓿、楚雄南苜蓿、陇东天蓝苜蓿。

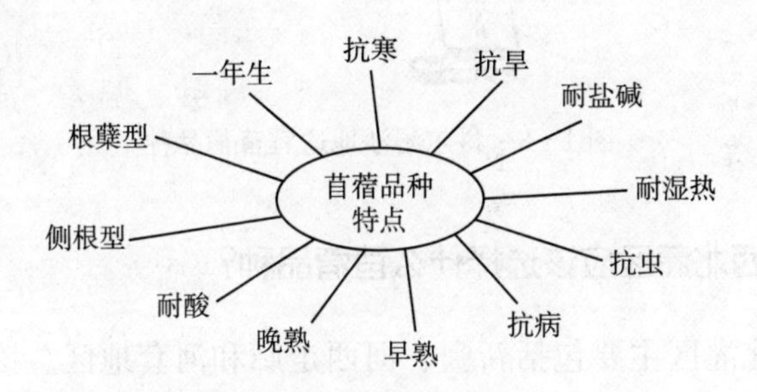

图1-7　国家审定登记苜蓿品种突出特性

（四）区域适宜苜蓿品种推荐

8. 科尔沁沙地应该选择什么苜蓿品种？

科尔沁沙地是我国优质商品苜蓿的重要产区。该区自然特点为土壤沙性、冬季严寒少雪。冬季严酷的干寒气候，加上沙性土壤保水保温性差，苜蓿越冬面临巨大挑战。

科尔沁沙地的首推苜蓿品种为以公农1号为代表的、由吉林省农业科学院草地研究所培育的“公农”系列品种，由黑龙江省畜牧研究所培育的“龙牧”系列品种，由内蒙古农业大学培育的“草原”系列品种，由东北师范大学培育的“东苜”系列品种。其他国内品种和引进品种中的既耐寒又耐旱者可以谨慎试种。

图 1-8　科尔沁沙地适宜苜蓿品种

9. 西北灌区应该选择什么苜蓿品种?

西北灌区主要包括新疆、河西走廊和河套地区。该区域适宜苜蓿品种较多，我国北方育成品种大多皆可选用，如由新疆

图 1-9　西北灌区适宜苜蓿品种

农业大学培育的“新牧”系列品种、由甘肃农业大学培育的“甘农”系列品种、由中国农业科学院兰州畜牧与兽药研究所培育的“中兰”系列品种、由中国农业科学院北京畜牧兽医研究所培育的“中苜”系列品种等。引进品种中较为耐寒者亦可选用。

10. 黄土高原雨养农业区应该选择什么苜蓿品种?

干旱缺水是黄土高原雨养农业区苜蓿生产的限制因素。该区域首推苜蓿品种为域内地方品种，如天水、陇中、陇东、关中、陕北、晋南、偏关、准格尔和蔚县苜蓿等。其次为域内育成品种，如由甘肃农业大学培育的“甘农”系列品种、由中国农业科学院兰州畜牧与兽药研究所培育的“中兰”系列品种。引进品种中耐旱且较为耐寒者亦可选用。

图 1-10　黄土高原雨养农业区适宜苜蓿品种

11. 黄淮海平原区应该选择什么苜蓿品种?

黄淮海平原区首推苜蓿品种为以中苜 1 号为代表的、由中国农业科学院北京畜牧兽医研究所培育的“中苜”系列品种等。引进品种中适宜者较多，亦可选用。

图 1－11　黄淮海平原适宜苜蓿品种

二、土地准备

（一）制订总体规划

12. 为什么要重视土地准备?

土地是草地建植的重要物质基础之一。高质量的土地能够让苜蓿“吃得饱”（养分供应充分），“喝得足”（水分供应充足），“住得好”（空气流通，温度适宜），“站得稳”（根系充分伸展，机械支撑牢固）。因此，土地质量的好坏决定草地建植成败。

图 2-1　土地是作物的家园

13. 土地准备和总体规划包括哪些环节?

土地准备包括 8 个环节，即制定总体规划、清理场地、平整土地、修筑道路、建设排灌集蓄水系统、土壤改良、土壤耕作和底肥施入。

在综合考察自然与社会资源的前提下，制订出土地开发建设总体规划，包括土地平整方案、农田单位规划、道路与排灌集蓄水系统设计、土壤改良措施等。

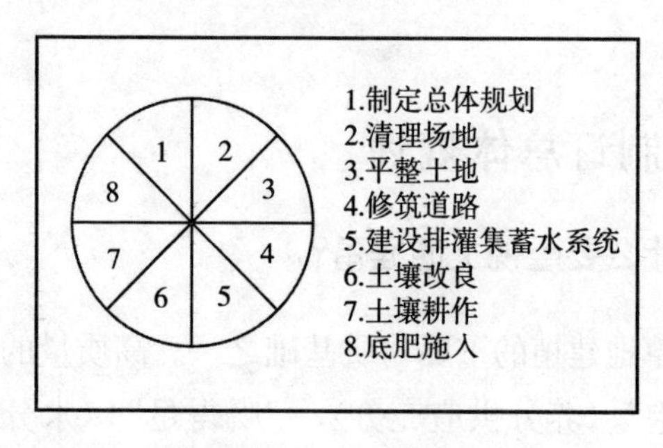

图 2-2　总体规划先行

（二）清理场地与平整土地

14. 清理场地和平整土地有什么要求?

清除土壤表层妨碍机械作业、影响苜蓿生长的岩石和树桩等。清理深度为 50cm 左右。规划设计中未予保留的乔木、灌木等亦应清除掉。

按照规划设计要求，削高填洼，平整土地。平整度偏差不宜超过±5cm。低洼处填方时应考虑填土的沉降问题。细土的沉降系数约为 15%。填方时可采取镇压措施，或填土超出设计高度。力争做到不扰乱土层，即表土居上、心土居中和底土居下。

土地不平可能造成十大危害：镇压松紧不一致，播种深浅不一致，割茬高低不一致，水分多少不一致，岗处水分不足，

低洼处积水烂根，岗处风蚀、根茎裸露，洼处土埋妨碍出苗，加大机械损伤风险，降低田间作业效率。

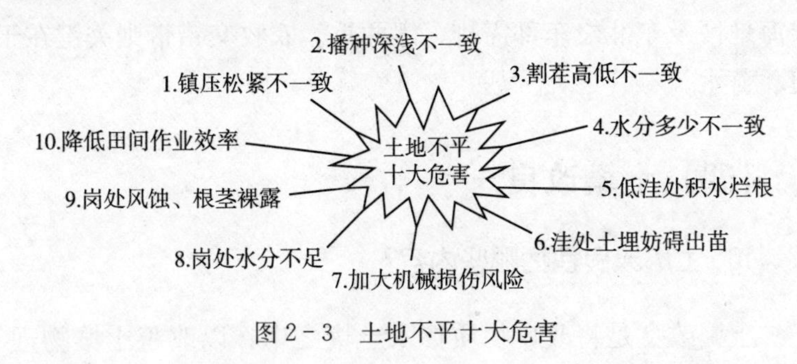

图 2-3　土地不平十大危害

（三）修筑道路与建设排、灌、集、蓄水系统

15. 修筑道路与建设排、灌、集、蓄水系统有哪些注意事项?

依据规划，修筑田间道路。道路建设应满足机械设备通行要求。

图 2-4　道路和排、灌、集、蓄水系统建设很重要

依据规划，建造排、灌、集、蓄水设施。南方多雨地区重点在排水。北方少雨地区灌水是重点，绿洲农区尤其如此。黄淮海地区及东北之东部需排、灌两重。农牧交错带则关键在于集、蓄水。

（四）土壤改良

16. 土壤改良包括哪些内容？

土壤改良是将改良物质掺入土壤之中，以改善土壤物理、化学和生物性状的田间作业。当土壤存在明显的障碍因子，以致严重影响苜蓿的播种、出苗和生长发育时，就需要对之进行改良。土壤改良包括质地改良、结构改良、酸土改良、盐碱土改良等内容。通常结合土地平整、修筑道路、建设排灌集蓄水系统、土壤耕作和施底肥等田间作业进行。

图 2-5　土壤改良内容

17. 如何进行土壤质地改良？

土壤中砂粒（粒径 0.05～1mm）、粉粒（粒径 0.002～

0.05mm)、黏粒（粒径 0.000 1～0.002mm）占土壤重量的百分比组合，称为土壤质地。我国土壤质地分类标准见附录 2。

砂土肥力低、保水保肥能力弱。黏土耕性不良、通气透水性差。对砂土和黏土，尤其是重砂土、极重砂土、重黏土和极重黏土，应予以改良。

土壤质地改良的措施为砂土掺黏、黏土掺砂。改良深度通常为土壤耕作层。掺混作业应与土壤耕作之翻耕、耙地或旋耕结合起来进行。

客土改良工程量大，最好就地取材，因地制宜，亦可逐年进行。如在进行土地平整、修筑道路、建设排灌集蓄水系统时，应有计划地搬运土壤，进行客土改良。在河流附近，可采用引水淤灌，把富于养分的黏土覆盖在砂土上，再通过耕、耙作业进行掺混。在南方红土丘陵地区，酸性黏质红壤与石灰质紫砂土常相间分布，就近取紫砂土来改良红壤，可兼起到改良质地、调节土壤酸碱度和增加钙质养分等作用。在电厂和选铁厂附近，可利用其煤灰渣和铁尾矿粉，改良黏质土。

图 2-6　土壤质地改良方法

18. 如何进行土壤结构改良?

土壤最佳结构为团粒结构，片状结构、块状结构、柱状结构和单粒结构皆为不良结构。具有团粒结构的土壤既通气透水，又保水保肥，水、肥、气、热协调，并有利于根系在土体内穿插。缺乏团粒结构，结构不良的土壤，不利于作物生长发育和高产稳产，应考虑予以改良。

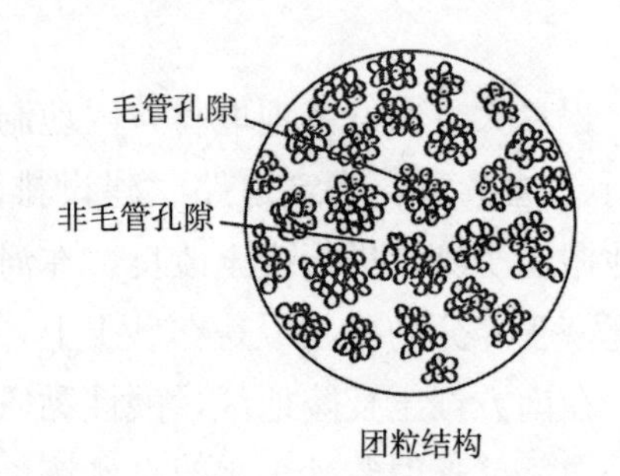

图 2-7　土壤团粒结构示意

土壤结构改良的措施是施用有机肥等有机物料和土壤改良剂等。有机肥等有机物料的分解产物多糖等，以及重新合成的腐殖质，是土壤团粒结构形成的良好媒介。改善土壤结构的常用有机物料有粪肥、秸秆、锯末、泥炭、褐煤和风化煤等。一般而言，以土壤耕作层体积之 30%为上限，施用量越大，效果越好。若大量施用有机物料，需分两次进行，第一次施用 1/3～1/2，深翻入 20～40cm 土层内，第二次施用 1/2～2/3，浅翻入 0～20cm 土层内。

土壤改良剂是改善和稳定土壤结构的工业制剂。按其原料的来源，可分成人工合成高分子聚合物、自然有机制剂和无机制剂三类。人工合成高分子聚合物于 20 世纪 50 年代初在美国问世，特点是功能强大、用量少，只需用土壤重量的千分之几或万分之几。较早作为商品的有4种：乙酸乙烯酯和顺丁烯二酸共聚物（VAMA）、水解聚丙烯腈（HPAN）、聚乙烯醇（PVA）和聚丙烯酰胺（PAM）。其中聚丙烯酰胺（PAM）价格便宜，改土性能亦较好，20世纪70年代在西欧诸国已大规模应用。自然有机制剂由自然有机物料加工制成，如醋酸纤维、棉紫胶、芦苇胶、田菁胶、树脂胶、胡敏酸盐类以及沥青制剂等。与合成改良剂相比，施用量较大，形成的土壤团聚体的稳定性较差，且持续时间较短。无机制剂包括蛭石、沸石、膨润土、硅酸盐等，利用它们的某一项理化性质来改善土壤的结构性质。土壤改良剂用量小，对掺混质量要求高，最好使用旋耕机，以便做到均匀掺混。

图2-8　土壤结构改良方法

19. 如何进行酸土改良？

我国南方地区多雨，降水量大大超过蒸发量，土壤及其母质的淋溶作用非常强烈，土壤溶液中的盐基离子被大量淋失，导致土壤反应大多呈酸性（5<pH<6.5）至强酸性（pH<5.0）。酸性土壤不利于苜蓿等作物的生长发育，需要考虑予以改良。

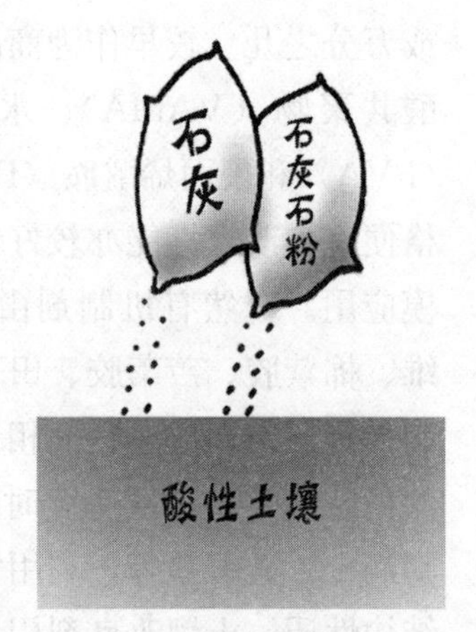

图 2-9　酸性土壤改良措施示意

改良酸性土壤，一般采用施石灰或石灰石粉的方法。石灰包括生石灰（CaO）和熟石灰［$Ca(OH)_2$］。石灰反应迅速，作用强烈，但后效较短。石灰石粉（$CaCO_3$）对土壤酸性的中和作用相对较为缓慢，但后效期长。石灰石粉的颗粒大小影响其反应速度，粉末越细，反应越快。在含镁量较低或缺镁土壤，可考虑施用白云石粉，它含有钙和镁，可以弥补镁的不足。煤灰渣也有提高土壤 pH 的作用。碱性和生理碱性化肥亦可提高土壤 pH。

20. 如何确定石灰用量？

适宜石灰用量的确定是一件较为复杂的事情。既要计算活性酸，更要考虑潜性酸。不仅涉及土壤 pH，而且与土壤的阳离子交换量及盐基饱和度等密切相关。常用的确定方法有两种，但都是通过测算土壤酸量来推算石灰需要量。第一种方法是通过测定土壤交换性酸量或水解性酸量进行推算，该法算式简单，较为简易，但土壤交换性酸量和水解性酸量两者常常差异很大，与土壤实际酸量比较，前者偏低，而后者偏高，需要根据经验进行校正。第二种方法是根据土壤 pH、阳离子交换量及盐基饱和度计算出土壤活性酸量和潜性酸量，再进行推算，计算公式如下。

石灰需要量＝潜性酸量×（石灰分子摩尔质量÷2）

＝（土壤容积×土壤容重）×（阳离子交换量÷100）×（1－盐基饱和度）×（石灰分子摩尔质量÷2）

式中，潜性酸量单位为 mol，土壤容积单位为 m^3，土壤容重单位为 kg/m^3，阳离子交换量单位为 cmol/kg，盐基饱和度单位为%，石灰分子摩尔质量单位为 g/mol。

例题：假设某红壤 pH 为 5.0，20cm 耕层土壤质量为 2 250 000kg/hm^2，土壤质量含水量为 20%，阳离子交换量为 10cmol/kg，盐基饱和度为 60%，试计算 pH 提高到 7 时，中和 20cm 耕层土壤活性酸和潜性酸的石灰需要量。

解 ①需要中和的活性酸量为：

$2\ 250\ 000\times20\%\times(10^{-5}-10^{-7})=4.455(mol/hm^2)$

以生石灰（CaO）中和，需要量为：

$(56\div2)\times4.455=125(g/hm^2)$

②需要中和潜性酸量为：

图 2-10 石灰需要量计算方法

$$2\ 250\ 000\times(10\div 100)\times(1-60\%)$$
$$=90\ 000(\mathrm{mol/hm^2})$$

以生石灰（CaO）中和，需要量为：

$$(56\div 2)\times 90\ 000=2\ 520\ 000(\mathrm{g/hm^2})$$

各类土壤 pH 提高至 6.5 时的石灰石需要量见附录 3。

21. 如何进行盐碱土改良？

我国北方地区年降水量远远小于蒸发量，尤其在冬春干旱季节的蒸降比（蒸发降水比值）一般为 5～10，甚至大于 20；降水量集中分布于 6—9 月，可占全年降水量的 70%～80%；部分土壤还具有明显的季节性积盐和脱盐频繁交替的特点，致使盐碱土广泛分布。盐碱土，尤其是重度以上盐碱化土壤，严重妨碍苜蓿的发芽、出苗和生长发育，需要考虑予以改良。我国土壤盐化和碱化程度分级指标分别列于附录 4 和附录 5。

改良盐碱土的常用方法有水洗排盐、施用有机肥等有机物料、施用石膏等。水洗排盐包括单纯洗盐、单纯排盐及洗盐和排盐相结合等三项技术。单纯洗盐技术包括灌水冲洗和围埝蓄淡等。单纯排盐技术包括明沟排水、暗管（沟）排水、竖井排水、机械排水（扬排提排）以及沟洫台条田等。洗盐和排盐相结合技术包括井灌井排、井渠结合和抽咸补淡等。水洗排盐措施也有局限性，即在地表缺乏流量较大的河流、地下水又不很丰富的干旱、半干旱地区，难以施行。

有机肥等有机物料，如粪肥、秸秆、锯末、泥炭、褐煤、风化煤和煤矸石等，施入土壤后转化形成的腐殖质，具有强大的阳离子吸附能力，是矿质胶体的 20～30 倍，可将大量盐基离子吸附起来，从而有效降低土壤溶液中的盐分浓度。构成腐殖质的腐殖酸是一类含有许多酸性功能团的弱酸，具有较强的酸碱缓冲能力，可以明显降低碱性土壤的 pH。有机肥等有机物料的施用量越大，改良土壤盐碱的效果越好。

另外，硫黄施入土壤后可逐步转化为硫酸，可有效降低土壤 pH；酸性和生理酸性化肥具有降低土壤 pH 的作用。

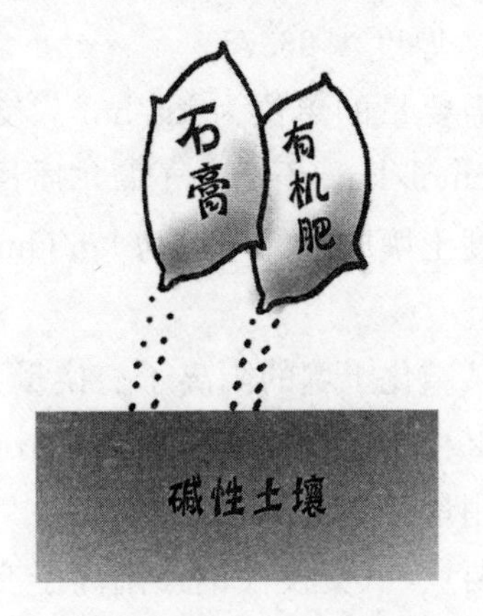

图 2-11　碱性土壤改良措施示意

22. 如何确定石膏需要量？

土壤碱化是土壤胶体吸附的交换性钠（Na^+）占阳离子交换量的比例超过 5%，进而导致土壤反应呈强碱性（pH>8.5），达到 9.0 以上。石膏（$CaSO_4$）中的钙离子（Ca^{2+}）可以将土壤胶体上吸附的钠离子（Na^+）置换下来，并随降水或灌溉水排出耕层，乃至根层和土体。施用石膏改良碱化土壤效果颇佳。磷石膏、亚硫酸钙具有与石膏类似的改碱功效。石膏需要量计算公式如下：

石膏需要量＝[（交换性钠－阳离子交换量×5%）÷100]×[（石膏分子摩尔质量÷2）÷1 000]×（单位面积单位厚度土壤质量×碱化层厚度）

=[(交换性钠－阳离子交换量×5%)÷100]×[(172÷2)÷1 000]×(112 500×碱化层厚度)

=(交换性钠－阳离子交换量×5%)×碱化层厚度×96.75

式中，石膏需要量的单位为 kg/hm^2，交换性钠和阳离子交换量的单位为 cmol/kg，石膏分子摩尔质量的单位为 g/mol，单位面积单位厚度土壤质量的单位为 $kg/(hm^2 \cdot cm)$，碱化层厚度的单位为 cm。

例题：假设某碱化土壤的阳离子交换量为 30cmol/kg，交换性钠为 7cmol/kg，碱化层厚度为 3.3cm，试计算改良该土壤需要的石膏施用量。

解　石膏需要量=(交换性钠－阳离子交换量×5%)×碱化层厚度×96.75

=(7－30×5%)×3.3×96.75

=1 756 kg/hm^2

图 2-12　石膏用量计算方法

（五）土壤耕作

23. 土壤耕作包括哪些内容？

土壤耕作是为了给苜蓿播种、出苗和生长发育创造一个松紧适度，固、液、气三相比例适宜，水、肥、气、热供应协调的土壤环境，而对土壤进行的机械操作。土壤耕作的基本作用主要有 3 个方面：疏松土壤，翻埋和拌混作物残茬和肥料，创造适宜播种面。

传统土壤耕作通常分两步进行，首先用犁具将土壤翻转，然后将翻转的土块破碎，以形成松散而平整的土层。土壤耕作措施包括耕、耙、耱、压等。根据这些措施对土壤的作用范围和影响程度的不同，将其划分为基本耕作和表土耕作两部分。基本耕作作用于整个耕层，作业强度高，对土壤影响大，包括翻耕、深松耕和旋耕三种方式。在生产实践中，可根据具体情况选择其中之一，亦可两者结合起来应用。表土耕作为基本耕作的辅助措施，作用深度限于土壤表层 10cm 以内，包括耙

图 2-13　土壤耕作内容

地、耱地、镇压、起垄和作畦等。与基本耕作相配合，表土耕作可为作物播种和生长创造良好的土壤条件。

24. 翻耕的作用有哪些?

翻耕又称翻地、犁地或耕地，是用有壁犁将土壤翻转的田间作业。翻耕有深翻和浅翻两种，浅翻深度 15～20cm，或更浅；深翻深度 20～30cm，或更深。浅翻节能，成本低；深翻利于作物根系下扎，增加作物产量。

翻耕对土壤具有切、翻、松、碎、混等多种作用，并能一次完成疏松耕层、翻埋残茬、拌混肥料、控制病虫草害等多项任务。翻耕是对土壤性状影响最大的田间作业，是土壤耕作中最基本和最重要的一项措施。翻耕通常要辅以耙、耱、压等田间作业。

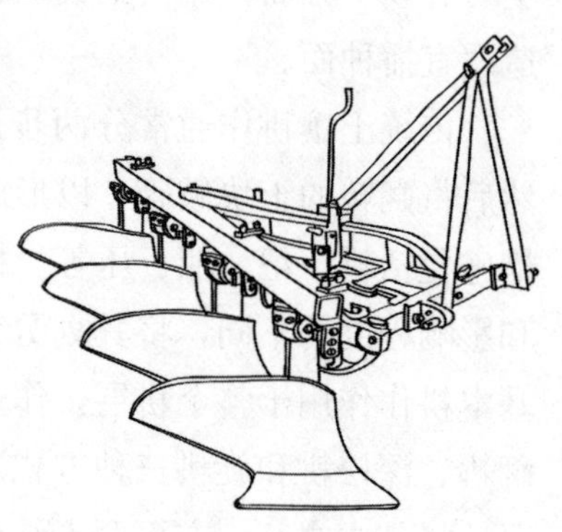

图 2-14　有壁犁

对于土层紧实、根茬坚韧或杂草横行等情形，可以考虑采用复式犁进行翻耕。复式犁是在主犁（大铧）基础上增加一个耕作深度较浅的辅犁（小铧）。辅犁在前，先把表层切下，翻到犁沟底部，随后主犁再把深层土壤翻出并覆盖在上面。

25. 深松耕的意义是什么?

深松耕是用无壁犁或松土铲对土壤进行较深部位松土的作业。深松耕的松土深度一般为 30～50cm。深松耕的意义在于可打破常规翻耕形成的犁底层。深松耕也有缺点，无掩埋残茬、肥料和杂草的功能。深松耕可以 2～3 年进行 1 次。

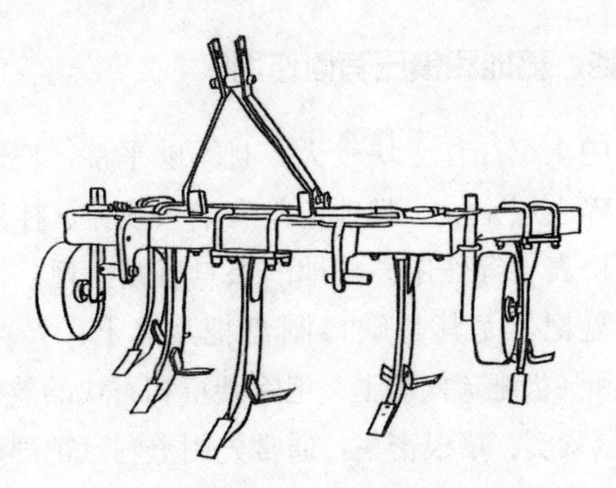

图 2-15　深松机

26. 旋耕有什么优点和缺点?

旋耕是用旋转犁对土壤进行切削、松碎的田间作业。旋耕包含纵向和横向两种模式。纵向旋耕破碎土壤、消灭残茬、灭除杂草和拌混肥料的能力很强，具有松碎、拌混和平整等多种功效。纵向旋耕耕作深度浅，通常为 10～15cm。与纵向旋耕相比，横向旋耕的优势是耕作深度深，通常为 30～50cm，缺点是消灭残茬、灭除杂草和拌混肥料的能力很弱。

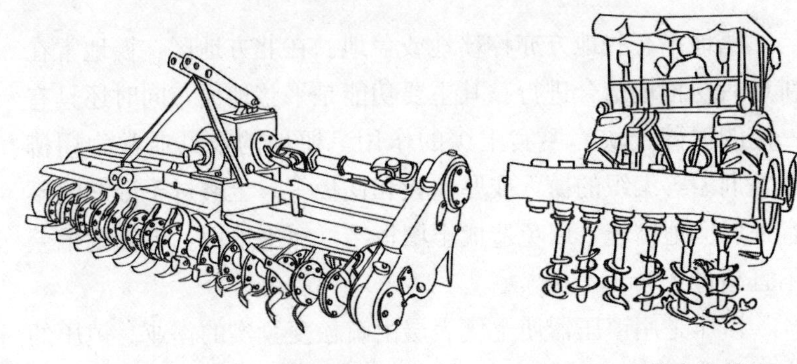

图 2-16　纵向旋耕机　　　　图 2-17　横向旋耕机

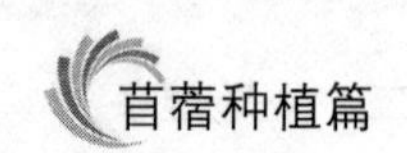

27. 耙地、耱地和镇压有何作用?

翻耕后的土壤往往土块较大，且不够平整，耙地的主要作用就在于破碎表层土块。耙地还具有消灭残茬、拌混肥料、灭除杂草、疏松表土等作用。耙地的农具有圆盘耙、钉齿耙和弹齿耙等。圆盘耙，尤其是缺口圆盘耙，碎土、灭茬、拌混力强；钉齿耙和弹齿耙疏松表土、耙除杂草和石块的效果好。初垦荒地一般土层紧实、草根密集，通常先用重圆盘耙耙地后再进行翻耕。细耙土壤，每平方米直径≥3cm的土块不宜超过10个。

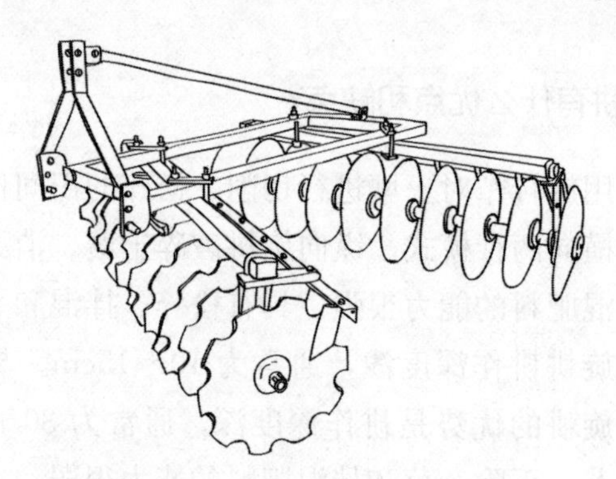

图2-18　圆盘耙和缺口圆盘耙

耱地在有些地方亦称耢地或盖地。在北方地区，耱地常在耕地后与耙地结合进行。其主要功能是平整地面，同时还具有一定的耱碎土块、耱实土壤的作用。耱地的农具通常为用柳条、荆条等编织的耱，或厚木板和铁板等。土壤过于湿润时不宜采取耱地措施，以免造成土壤板结。耱平地面，平整度偏差不宜超过±3cm。

镇压是用镇压器使土壤表层由疏松变紧实的作业。镇压的主要功能是紧实土壤，同时还具有一定的压碎土块、平整地面的作用。紧实土壤可增加毛管作用，进而起到提墒、保持土表湿润的作用。镇压用的农具有石磙及各种类型的专用镇压器。镇压常结合播种在播种前后进行。土壤过于湿润时不宜采取镇压措施，以免造成土壤板结。压实表土，成人行走鞋印下陷深度宜控制在 0.5～1cm。

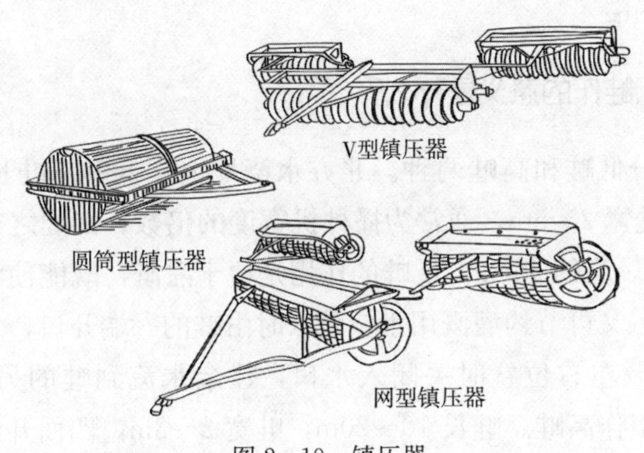

图 2-19　镇压器

28. 垄作的作用有哪些?

我国东北地区和各地山区盛行垄作。垄作的作用主要有

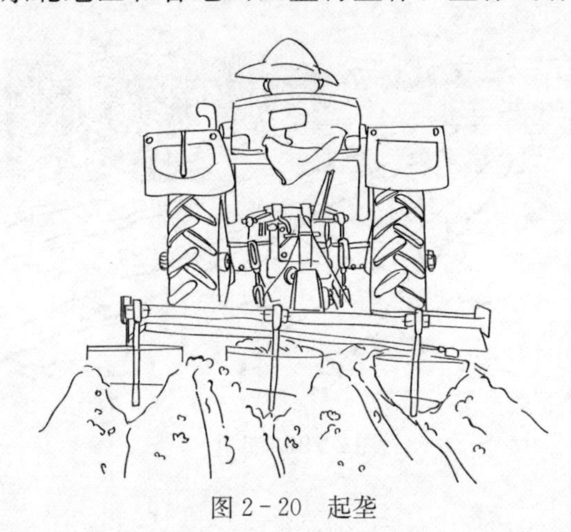

图 2-20　起垄

5项，一是利于早春提高地温，二是便于排水和灌水，三是利于保持水土，四是便于培土，五是利于防倒伏。起垄是垄作的一项主要作业，通过有壁犁开沟壅土结合镇压器镇压完成。通常垄宽40～80cm，宽者称大垄，窄者称小垄；垄高15～30cm。

29. 畦作的意义是什么？

畦分低畦和高畦两种。北方水浇地上作低畦。畦长10～50m；畦宽2～5m，通常为播种机宽度的倍数；四周之畦埂宽约20cm，高约15cm。低畦的作用是便于灌溉，既能使灌溉较为均匀，又可节约灌溉用水。灌水时由畦的一端开口，水流至畦长80%左右位置时关闭入水口，让余水流到畦的另一端。南方旱田作高畦。畦长10～20m，畦宽2～3m，四面开沟。高畦的作用是便于排水，可预防涝害。作畦的专用机械有筑埂机、开沟机等。

图2-21　低畦

（六）施底肥

30. 如何施底肥?

有机肥需要底施，化肥亦有底施之需要。非水肥一体化情形下，底施化肥尤为重要。底肥一般结合土壤耕作之耕耙环节施入土壤。底肥宜均匀施入耕作层土壤。

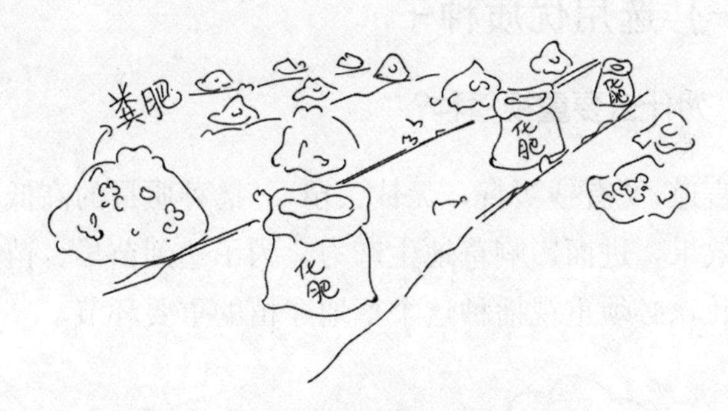

图 2-22　施底肥

三、播　　种

（一）选用优质种子

31. 为什么要重视播种？

常言道，“有钱买籽，无钱买苗”。播种质量的高低直接影响出苗效果，进而影响草地生产力。为了达到苗早、苗齐、苗全、苗壮，必须重视播种这个草地建植的重要环节。

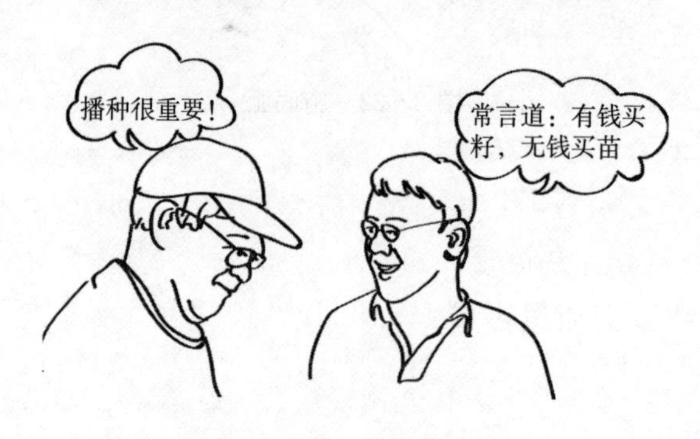

图 3-1　应该重视播种

32. 优质种子应该满足哪些条件？

播种技术包括的内容较多，可划分为选用优质种子、接种根瘤菌、选择播种方式、选用播种机械、选择播种期、确定播种量、确定播种深度和镇压等 8 部分。

优质种子是出好苗的前提基础。优质种子应该满足下列条件：净度高、籽粒饱满、整齐一致、含水量适中、生活力强、无病虫害。常用的数量化评定指标有净度、千粒重、含水量、发芽率、发芽势和种子用价。我国苜蓿种子质量分级标准见附录6。

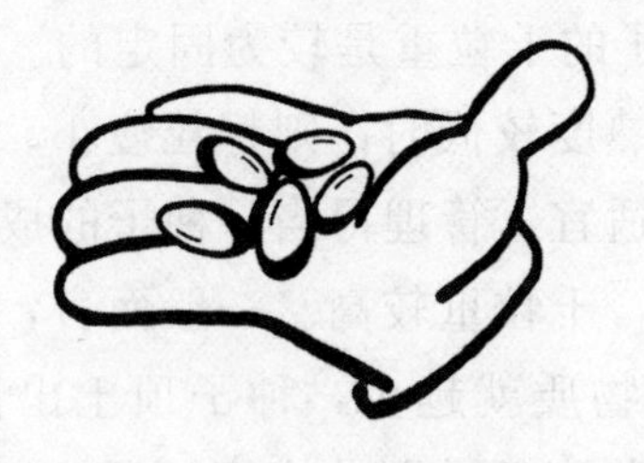

图3-2　选用优质种子

33. 什么是净度？

净度是指除去杂质和其他植物种子后，被检种子质量占供检样品总质量的百分比。它反映了播种材料中杂质及其他植物种子的含量情况。净度越高，种子质量越好。苜蓿种子净度分级标准见附录6。净度计算公式为：

净度＝(样品总质量－杂质质量－其他植物种子质量)÷样品总质量×100％

图3-3　选用高净度种子

34. 千粒重和含水量有何要求?

千粒重是指1 000粒自然干燥种子的质量，单位为克。它反映了供检种子的成熟度及营养物质储藏情况。正常情况下，各种植物成熟种子的千粒重是较为固定的。如果由于某些因素致使种子的成熟度较低时，则籽粒瘦小、皱瘪，千粒重下降；反之，环境适宜，管理得当，种子的成熟度较高时，则籽粒肥大、饱满，千粒重较高。一般而言，千粒重越小，种子中储藏的营养物质就越少，种子顶土出苗的能力也就越弱，进而导致出苗率低、弱苗率高。因此，在生产中应该选择大于或等于苜蓿品种标准千粒重的种子。不同苜蓿品种的千粒重在1.5～2.3g。

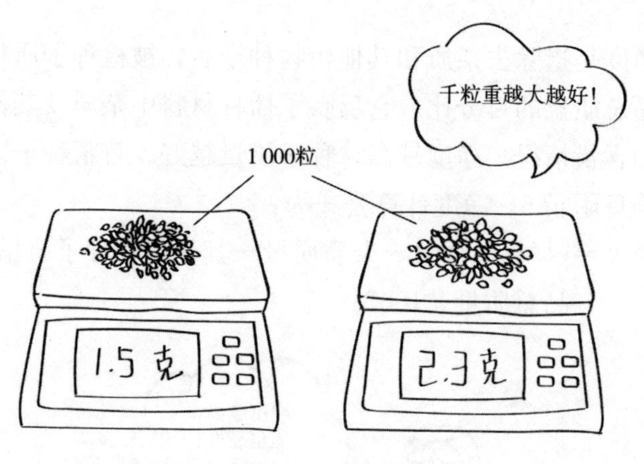

图3-4　千粒重

含水量是指供检种子样品所含水分质量占供检种子样品质量的百分比。适宜的含水量对种子的活力和寿命，以及储藏、运输和贸易等至关重要。含水量过高，种子在储藏过程中容易发霉变质，且活力丧失很快，而且会加重运输负担，有时也会造成贸易障碍。但含水量过低，如低于6%，亦将对种子活力造成伤害。苜蓿种子含水量分级标准见附录6。

35. 何谓发芽率、发芽势和种子用价?

发芽率是指在标准环境条件下，发芽试验终期末次计数时，正常发芽种子数量占供试种子数量的百分比。标准环境之光、温、水、气条件根据草种的生理特性确定，较为适宜于种子发芽。如苜蓿发芽率测定标准温度为20℃。测定天数依草种而异，一般为7～28d，苜蓿为10d。发芽率反映了供试种子中具有发芽能力种子的比例。发芽率越高，种子质量越好。苜蓿种子发芽率分级标准见附录6。

图3-5　发芽率

发芽势是指在标准环境条件下，发芽试验初期初次计数时，正常发芽种子数量占供试种子数量的百分比。测定天数依草种而异，一般为3～10d，苜蓿为4d。发芽势反映了供试种子活力强弱及发芽的整齐一致性。发芽势越高，种子质量越好。

种子用价是指供检种子中，真正有利用价值的种子质量占全部供检种子质量的百分比。种子用价反映了供检种子的有效性。种子用价越高，种子质量越好。苜蓿种子用价分级标准见附录6。种子用价计算公式为：

$$种子用价=净度\times发芽率\times100\%$$

（二）接种根瘤菌

36. 根瘤菌的共生固氮能力有多强?

根瘤菌是一类非常重要的共生固氮菌，它能够侵入豆科植物根部形成根瘤，在根瘤内利用植物光合作用制造的碳水化合物作为养料，固定空气中的游离氮，制造含氮化合物供自身营养和植物利用。根瘤菌的共生固氮能力很强。在温带耕地土壤中，苜蓿根瘤菌每年共生固氮量通常可达 300～600kg/hm^2。根瘤就好比一个个微型氮肥制造厂。

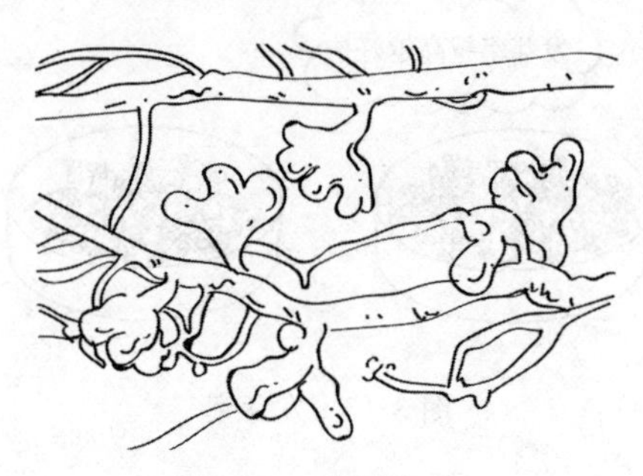

图 3-6　苜蓿根瘤

37. 为什么要接种根瘤菌?

尽管苜蓿种子中含有根瘤菌，但数量较少。生产实践中经常出现未接种根瘤菌苜蓿的自然结瘤率和有效根瘤比例较低的情况。发生这种情况的原因主要有两个，即土壤根瘤菌含量低和根瘤菌族不匹配。

并非所有土壤中都富含根瘤菌，许多土壤中根瘤菌含量很低，如一些土壤条件不良（高盐、重碱、过酸、干旱、积水、贫瘠和结构差等）的土壤，未种过豆科作物的土壤，以及虽然种过豆科植物，但已经间隔4年以上的土壤等。这些土壤种植苜蓿宜接种根瘤菌，否则结瘤率和有效根瘤比例可能会较低。

根瘤菌与豆科植物间的共生关系具有一定的专一性，即一定种类的根瘤菌只能侵染一定种类的豆科植物。依据侵染范围，可将根瘤菌划分为若干族，如苜蓿族、三叶草族、大豆族、百脉根族和红豆草族等。一个根瘤菌族侵染的植物种类之间可以互相利用其根瘤菌侵染对方形成根瘤，因此根瘤菌族亦称互接种族。有些土壤尽管根瘤菌含量较高，但与所种豆科作物之共生根瘤菌不属于同一互接种族，结瘤率也不会很高。因此，尽管种过豆科作物，但其与苜蓿不是同一根瘤菌族侵染之作物种类的土壤，亦需接种根瘤菌。

图3-7　为什么要接种根瘤菌

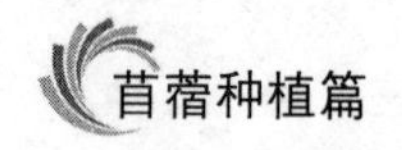

38. 如何接种根瘤菌?

常用的根瘤菌接种方法为拌种、浸种和种子包衣。

种子包衣是将种衣剂包裹在种子表面的种子处理技术。种衣剂通常包括有效剂和助剂两部分。有效剂通常为杀虫剂、杀菌剂、生长调节剂、微生物制剂、保水剂和微肥等。各种有效剂可单独包衣，亦可几种混包。助剂包括成膜剂、分散剂、缓释剂、防冻剂和染色剂等。

种子包衣技术初创于20世纪60年代，经过数十年的改进和完善，现已成为许多国家作物栽培技术规程中的一项基本作业。经包衣处理的种子，播种后能在土壤中建立一个适宜于种子萌芽和幼苗生长的微环境，有利于苗全、苗齐和苗壮。

图3-8 根瘤菌拌种　　图3-9 根瘤菌浸种

图3-10 种子包衣机

（三）选择播种方式

39. 条播、穴播和撒播各有什么优势？

条播是按一定的行距开窄条沟，有行距、无株距的播种方式。牧草生产时，苜蓿行距以 5～20cm 为宜；种子生产时，苜蓿行距以 40～80cm 为宜。条播适宜于密植作物，播种效率高，利于保苗，普遍采用。

图 3－11　条播应用较为普遍

穴播，亦称点播，是按一定的行距和株距开穴播种。穴播植株间距和密度控制精准，利于稀植，苜蓿种子生产较多采用。

撒播是不开沟、不开穴，无行距、无株距的播种方式。撒播空间利用较为合理，理论上利于获得高产，但实践中对整地、土壤水分等播种条件要求较高，苜蓿生产采用比例较低。放牧利用草地较多采用撒播。

40. 平播、低畦播种、高畦播种、起垄播种和深沟播种各有什么长处？

平播是在土壤耕作后，不再起垄或作畦，直接播种。平播的播种面与农田自然地坪一致，播种面相对地坪高度为零。平播空间利用率高，便于机械操作，普遍采用。

低畦播种是在土壤耕作后，就地取土，修筑畦埂，作低畦，在畦面上播种。低畦播种的播种面略低于农田自然地坪，播种面相对地坪高度略小于零。低畦播种便于引水灌溉，北方畦灌地区采用低畦播种比例较高。

高畦播种是在土壤耕作后，挖造畦沟，沟土置于畦面，作高畦，在畦面上播种。高畦播种的播种面略高于农田自然地坪，播种面相对地坪高度略大于零。高畦播种便于排水，也便于灌溉，南方多雨地区较多采用。

起垄播种是在土壤耕作后，起垄，在垄台上播种。起垄播种的播种面显著高于农田自然地坪，播种面相对地坪高度为较大正值。起垄播种利于早春提高地温，便于排水和灌水，利于保持水土，便于培土，利于防倒伏。但对于密植作物苜蓿而言，起垄播种空间利用率低，较少采用。

深沟播种是在土壤耕作后，开相对较深的犁沟（深于5cm），播种于沟底，正常覆土1～2cm。深沟播种的播种面显著低于农田自然地坪，播种面相对地坪高度为较大负值。深沟播种便于水分汇聚于沟底，对于提高和保持种子所在位置的土壤墒情十分有利，在干旱地区利于种子发芽出苗。深沟播种的

图3－12　深沟播种

沟帮土壤会自然沉落，掩埋苜蓿根茎，在寒冷地区利于苜蓿安全越冬。寒冷干旱地区较多采用深沟播种。

41. 什么情形下采用单播或混播？

单播是在一片土地上、一定时期内仅种植一个草种（或品种）的播种方式。刈割利用草地，尤其是商品草生产地，多采用单播。

混播是在一片土地上、一定时期内种植两个或两个以上草种（或品种）的播种方式。生态环境建设、天然草地改良和放牧利用草地多采用混播。苜蓿通常与禾本科草种组合起来进行混播。

图 3-13　混播

42. 保护播种有什么优缺点？

保护播种是伴播保护作物的播种方式。苜蓿苗期生长缓慢，持续时间长，土地长时间裸露易造成水土流失，也给杂草滋生创造机会。伴播生长迅速、与苜蓿共生时期较短的一年生作物，如燕麦、大麦、黑麦、小黑麦和多花黑麦草等，既能抑制杂草生长，又可减轻风蚀、水蚀。保护播种也有缺点，即保护作物对苜蓿生长抑制强烈。伴播保护作物可以增收一茬保护作物，但同时减收一茬苜蓿。自然条件恶劣地区倾向于采用保护播种。

图 3-14　保护播种

43. 联合播种、免耕播种和飞播有什么意义?

联合播种是在播种的同时，进行铺膜、施肥、打药和灌水等一项或多项处理的播种方式。联合播种能够创建一个更适宜于作物种子发芽出苗和幼苗生长的土壤微环境，同时可提高作业效率，降低生产成本，提高水、肥和药等的利用效率，减轻机具对土壤的压实作用。联合播种越来越普及。

免耕播种是播种前不采取耕作措施的播种方式。免耕可保持水土、节约能源和降低生产成本，还有利于抢农时、扩大复

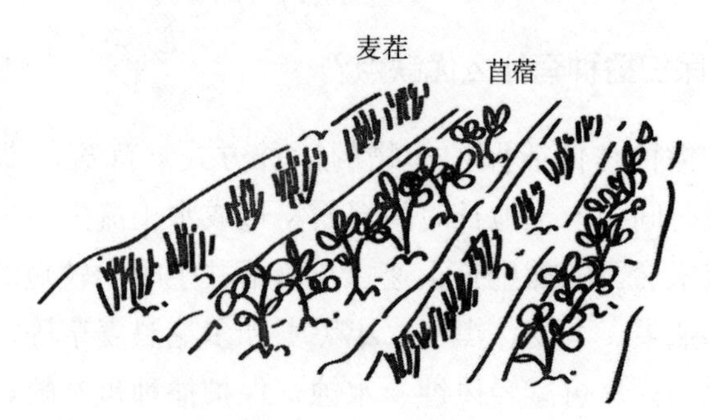

图 3-15　免耕播种

种区域。自然条件恶劣地区较多采用免耕播种。天然草地改良、放牧型人工草地更新通常采用免耕播种。免耕播种的缺点是播种质量相对较差。

飞播是通过飞机将种子撒到播种床上的播种方法。飞播适宜于大面积草地改良和生态环境建设播种。

（四）选用播种机械

44. 如何选用播种机械？

选定的播种方式决定选用播种机械的类型，如条播机、撒播机和穴播机等。地块广大，可以选用大型播种机械。地块狭小，只能选用小型播种机械。地块介于前述两者之间，适合选用中型播种机械。

图 3－16　播种机械

（五）选择播种期

45. 气温如何影响播种期？

从理论上来讲，一年四季任何时期都可以播种。但在实践上，为了便于播种，便于苗期管理，利于苗早、苗齐、苗全、苗壮，利于度过严酷季节，以及达到高效利用土地、获得优质高产、满足社会需求等目标，需要选择适宜的播种期。

对播种期影响最大的因子是气温。原因是只有在一定的温度范围内种子才能发芽，幼苗才能成长，并且在大田生产中人类难以对气温进行调控。紫花苜蓿种子萌发的最适温度为20℃，最低温度为0～5℃，最高温度为31～37℃。紫花苜蓿的主要栽培区域为温带，高温很少成为播种期的限制因子，而低温显而易见是限制因子。一般而言，整个冬季都不宜播种，因为大部分地区土壤结冻，耕作播种困难，而且即便播下了种子，也不会发芽出苗。开春气温上升到种子萌发所需要的最低温度前后，直至秋季初霜前1～2个月，都适于播种。

秋播不要晚于霜冻来临之前1～2个月，是为了给幼苗提供一段较为充裕的生长发育时间，储存足够的营养物质，以利

图3-17　秋播时期

于度过严酷的寒冬。在暖温带地区，秋播通常为最佳选择。

46. 何谓寄籽播种和顶凌播种？

冬季来临前将种子播下去，当季因温度低而不萌发，待冬季过后春季到来时出苗，称为寄籽播种。干旱时期将种子播下去，待旱季过后雨季到来时出苗，亦称为寄籽播种。寄籽播种可以起到抢农时和调剂忙闲的作用。

寒冷地区早春表土刚刚化冻、尚未化透、昼化夜冻之时实施播种，称为顶凌播种。顶凌播种可以有效利用冬季冻土聚墒形成的良好土壤墒情，利于北方春播苜蓿抓苗，同时也可以起到抢农时的作用。

图 3-18　顶凌播种

47. 降水、空气湿度和风如何影响播种期？

降水是影响播种期选择的一个重要因素。水土流失严重地区，应避开暴雨频发期；湿润地区，降水集中季节不便播种；无灌溉条件之干旱半干旱地区，通常宜采取雨季播种。

空气湿度一般情况下不是播种的限制因素，但当高湿与高温结合到一起的时候，则形成了紫花苜蓿幼苗生长之逆境。高温高湿情形下，病害频发，对幼苗的威胁尤为严重，如控制不好，常导致成片死亡。因此，湿润半湿润地区较少在高温高湿的夏季播种。相反，在西北干旱地区，干热风频繁发生的季节，空气湿度极低，对紫花苜蓿幼苗构成严重威胁，播种宜避开该时期。

风在风蚀严重地区是影响播种期选择的一个重要因素。北方农牧交错带大多春季干旱多风，风蚀严重，应尽量避免春季播种。若选择春季播种，则应采取抗风蚀措施，如免耕播种，或边整地边浇水，保证土壤处于湿润状态。

图 3-19　抗风蚀播种

48. 种植制度如何影响播种期？

种植制度也是影响播种期选择的一个重要因素。一个地区，复种、轮作模式一旦形成，各种作物包括牧草的播种期便随之固定下来。如黄淮海平原一年两作区，紫花苜蓿播种期大多固定为夏玉米收获后；东北、西北的麦茬地，紫花苜蓿播种期固定为小麦收获后。

图 3－20　种植制度影响播种期

（六）确定播种量

49. 苜蓿的田间合理密度是多少?

播种量过少，生物量过低，不能满足生产要求，达不到种植目的。相反，播种量过大，不仅浪费种子，而且由于密度过高，生长与营养空间严重不足，植株发育不良，亦难满足生产要求，不能达到种植目的。因此，必须适量播种，合理密植。

欲实现适量播种、合理密植的目标，首先必须明确植物的田间合理密度。田间合理密度主要决定于株高、冠幅和根幅。一般株高越高，冠幅和根幅越大，则田间合理密度越小；反之，株高越低，冠幅和根幅越小，则田间合理密度越大。种植目的亦是影响田间合理密度的重要因素。种子生产的田间合理密度显著低于营养体生产。饲用和绿肥草地以高生物产量为目标，其田间合理密度通常低于果园和水土保持草地。土壤肥力和水分状况影响田间合理密度，肥力不足和干旱缺水土地的田间密度不会很高。

对于饲草生产而言，苜蓿幼苗阶段每平方米 300～400 株为宜，第二年春天每平方米 200 株左右为宜，第三年春天每平方米 150 株左右为宜，第四年春天每平方米 100 株左右为宜，第五年春天每平方米 70 株左右为宜。

图 3－21　苜蓿的田间合理密度

50. 播种量有计算公式吗？

播种量的计算公式为：

$$\text{播种量}=\text{田间合理密度}\div\text{千克粒数}\div\text{种子用价}\times\text{保苗系数}$$

$$=\text{田间合理密度}\times\text{千粒重}\div 10^{6}\div\text{种子用价}\times\text{保苗系数}$$

$$=\text{田间合理密度}\times\text{千粒重}\div\text{种子用价}\times\text{保苗系数}\div 10^{6}$$

式中，播种量的单位为 kg/hm^2，田间合理密度的单位为株/hm^2，千克粒数的单位为粒/kg，千粒重的单位为 g，种子用价和保苗系数无量纲。

在种子萌发成长为正常植株的过程中，许多种子因自身或环境的原因不能顶土出苗，或出苗而不能成株。这种中途夭折的比例因植物种类、种子大小、栽培条件而异，从百分之几到百分之九十以上。许多牧草种子较小，夭折比例很高。因此，为了满足田间合理密度的要求，不缺苗，需要采用保苗系数。保苗系数一般在1～10。

图3－22　播种量的计算公式

51. 苜蓿的经验播种量是多少？

紫花苜蓿牧草生产和种子生产的经验播种量分别为12～18kg/hm^2 和3～5kg/hm^2。

图3－23　苜蓿的经验播种量

经验播种量给出了一个范围，在生产实践中需要根据实际情况予以确定。整地质量高、土壤墒情好、气候条件适宜时可采用下限或更低，相反则需采用上限或更高。精量播种时采用下限或更低。撒播时采用上限或更高。

超量播种的害处是幼苗长势偏弱，苗期易发生病害，秋播不利于安全越冬，浪费种子。超量播种地块初期植株密度较大，但一般经过一个生长季后，会因自疏机制、淘汰弱苗而逐渐稀疏至自然合理密度。

（七）确定播种深度

52. 如何确定播种深度?

播种深度兼有开沟深度和覆土厚度两层含义，但通常是指覆土厚度。开沟的目的是便于覆土和使种子接近潮湿土壤。覆土的目的是利于种子吸收土壤水分。种子若暴露于较易失水干燥的土壤表面，则较难获得足够的水分而萌发。若单纯从便于种子吸水角度来考虑，显然是厚覆土优于薄覆土，原因是覆土越薄越容易发生失水干燥问题。然而，除种子吸水外还存在一个覆土厚度制约因素，即种子顶土能力。种子的顶土能力是有限度的，超过顶土能力的覆土厚度显然不利于出苗。播种深度依种子顶土能力、土壤质地、土壤墒情而异。

影响种子顶土能力的因素主要有两个，即种子大小和草种类型。一般而言，种子大，则储存的营养物质较多，因而顶土能力强。反之，种子小，则储存的营养物质较少，因而顶土能力弱。通常小粒种子覆土厚度1～2cm，中粒种子3～4cm，大粒种子5～6cm。单子叶植物，如禾本科草种，胚芽呈针状，通常顶土能力强于胚芽稍钝的双子叶植物，如豆科草种。在种子大小相近的情况下，双子叶植物的覆土厚度通常要薄于单子叶植物。紫花苜蓿种子属于小粒、双子叶植物种子，适宜覆土厚度为 1～2cm。

土壤质地影响种子顶土出苗。轻质土壤较为疏松，对种子顶土出苗的阻力较小。重质土壤较为黏重，对种子顶土出苗的阻力较大。因此，轻质土壤覆土可略厚，重质土壤覆土则宜薄些。

土壤墒情较好时，正常开沟、覆土即可。当土壤过于干燥时，则可考虑增加开沟深度至干土层以下，采用深沟播种。对于苜蓿而言，应该开出深于 4cm 的犁沟，正常覆盖厚度 1～2cm 的土壤。

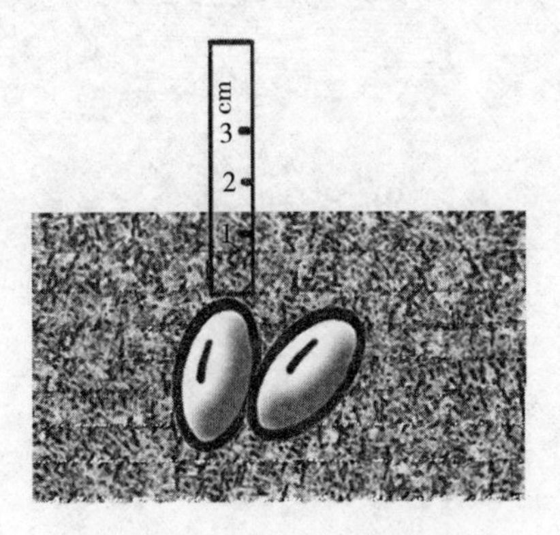

图 3-24　苜蓿的适宜播种深度

(八) 镇压

53. 镇压有何作用?

播种前镇压有利于精确控制播种深度。播种后镇压使种子与土壤接触紧密，有利于种子吸水发芽。在气候干旱的北方地区，播种后镇压利于提墒。

苜蓿种子小，覆土薄，播种前后尤其需要镇压，以便控制播种深度，使种子紧密接触土壤，并通过减少水分散失和提墒，保障种子所处的浅表土壤保持湿润状态。

黏性土壤潮湿时不宜镇压，否则容易造成表土板结，阻碍种子顶土出苗。

图 3 - 25　镇压

四、施　肥

（一）植物养分需求规律

54. 为什么要重视施肥？

“庄稼一枝花，全靠肥当家。”“有收没收在于水，收多收少在于肥。”要想获得优质和高产，必须重视施肥这一田间管理的重要环节。

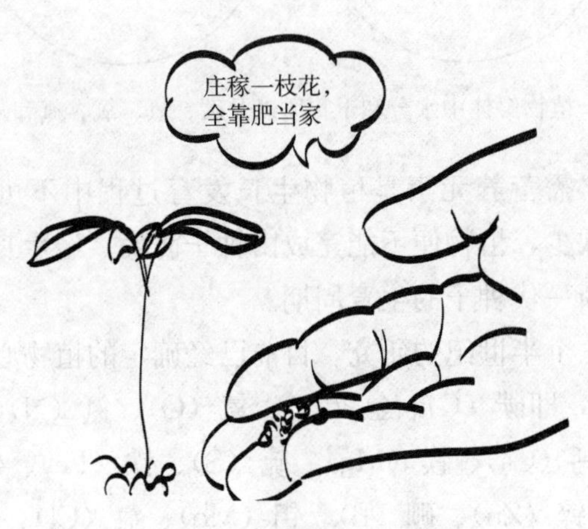

图 4－1　应该重视施肥

关于施肥，我们面临的问题很多，如：植物生长发育需要哪些养分？各种养分分别需要多少？土壤中哪些养分含量不足？需要施用多少肥料？什么时候施肥效果最好？肥料施在什么位置最佳？什么施肥方法更为经济有效？等等。

55. 何谓植物必需营养元素？

一般植物鲜体含有 65%～95%的水分和 5%～35%的干物质。干物质主要由碳、氢、氧、氮和灰分组成，其中碳、氢、氧、氮占比约为 95%，灰分占比约为 5%。灰分含有几十种元素，但其中只有一部分是植物所必需的。这些植物所必需的灰分元素和碳、氢、氧、氮一道被称为植物必需营养元素。

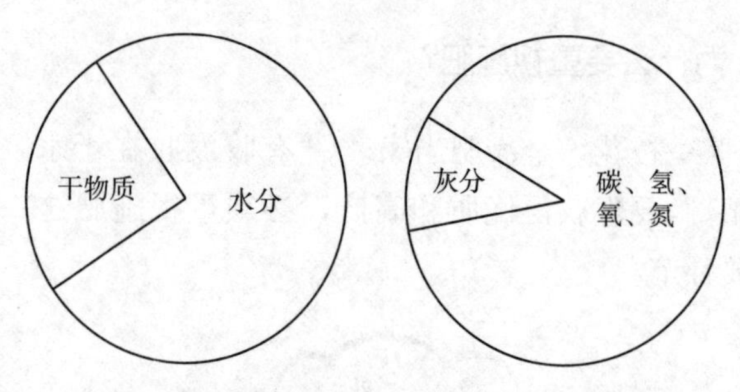

图 4－2　植物鲜体中水分和干物质以及碳、氢、氧、氮和灰分占比

植物必需营养元素是植物生长发育过程中不可缺少的元素。如果缺少，植物便不能完成由种子萌发，经生长发育，到最后结出新一代种子的生育周期。

经过三个半世纪的研究，目前已经确定的植物必需营养元素有 17 种，即碳（C）、氢（H）、氧（O）、氮（N）、磷（P）、钾（K）、钙（Ca）、镁（Mg）、硫（S）、铁（Fe）、锰（Mn）、铜（Cu）、锌（Zn）、硼（B）、钼（Mo）、氯（Cl）、镍（Ni）。

56. 何谓大量元素、中量元素和微量元素？

植物必需营养元素中碳、氢、氧、氮、磷、钾、钙、镁、硫在植物体干物质中的含量在 0.1%以上，称为大量元素；

铁、锰、硼、锌、铜、钼、氯、镍的含量在0.1%以下，称为微量元素。大量元素中的钙、镁、硫在习惯上亦称中量元素。

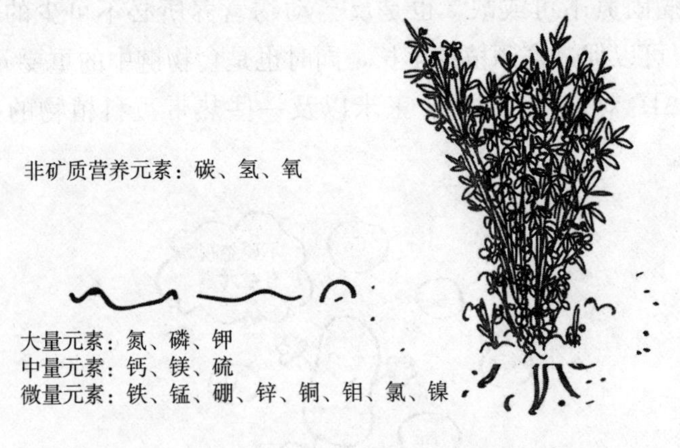

图4-3　植物必需营养元素

尽管植物必需营养元素在植物体中的含量差异很大，但它们对植物的营养作用同等重要，称之为同等重要性。对于植物的营养作用，植物必需营养元素相互之间不可替代，称之为不可替代性。

57. 何谓有益元素?

除了17种必需营养元素外，还有一些元素被称为有益元素。这些元素或者是某些植物所必需，或者有利于某些植物的生长发育，或者能在某些专一性较弱之功能（如维持渗透压）方面替代其他必需营养元素，或者能减轻其他元素之毒害作用，或者该元素在食物链中为必需元素。

例如，钠（Na）对一些C_4植物是一种微量营养元素，对C_3植物则不是。高钠离子浓度（10～100mmol/L）对许多盐生植物和藜科植物具有明显的刺激效应。硅（Si）对一些禾本科植物（如水稻、甘蔗等）是必需的，缺乏时营养生长受抑制，谷物产量严重下降，并发生缺素症。钴（Co）对豆科植物根瘤固氮不可或缺，也是反刍动物营养所必不可少的。硒（Se）可以促进富硒植物生长，同时也是食物链中的重要元素。铝（Al）对茶树、甜菜、玉米以及一些热带豆科植物的生长有益。

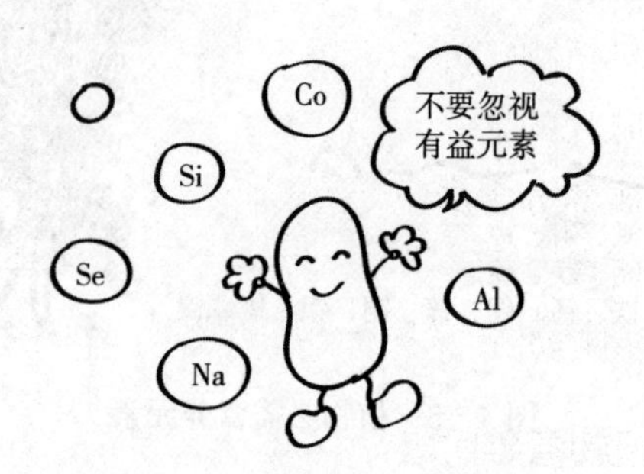

图 4-4　有益元素不可忽视

58. 植物矿质养分含量大致是多少？

植物营养元素中，除碳和氧获自空气中的二氧化碳，氢源于水外，其余各种元素皆依赖土壤供给，统称为矿质养分。

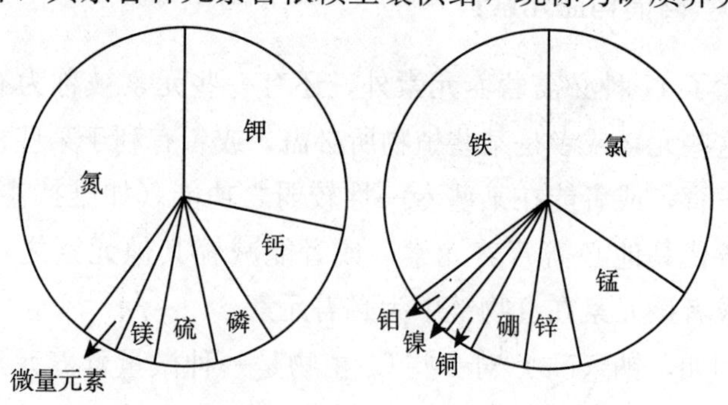

图 4-5　植物矿质养分及微量元素含量

矿质养分中，氮在植物体干物质中含量通常最高，各种植物平均含量约为15kg/t。其次是钾，含量约为10kg/t。钙、磷、硫、镁依次为5kg/t、2kg/t、2kg/t、1kg/t。微量元素铁、氯、锰、硼、锌、铜、镍和钼的含量依次为100g/t、100g/t、50g/t、20g/t、20g/t、6g/t、0.7g/t和0.1g/t。

不同种类植物的矿质养分含量不同，如豆科植物的含氮量通常高于禾本科植物。同一种类植物不同器官的矿质养分含量不同，如植物叶片的含氮量通常高于茎秆。同一种类植物不同生长阶段的矿质养分含量不同，如植物营养生长阶段的含氮量通常高于成熟阶段。同一种类植物生长在不同环境时矿质养分含量亦存在差异，如土壤氮素含量高时，植株的含氮量亦高。

59. 何谓植物营养阶段性和最大效率期？

植物生长发育不同阶段对各种矿质养分的数量、浓度和比例等，具有不同的要求，称为植物营养阶段性。如各种植物幼苗期吸收矿质养分的数量较少，但对浓度要求较高；随着植物

图4-6　植物营养阶段性

生长发育进程推进，对矿质养分吸收量逐渐增加，但对浓度要求逐渐降低；接近成熟期吸收矿质养分的数量明显减少。

在植物生长发育过程中有一个时期，矿质养分的营养效果最好，称为植物营养最大效率期。此期往往是植物生长发育的旺盛时期，根系吸收矿质养分的能力特别强，植株生长迅速，若能及时施肥，增产效果十分显著，经济效益最大。

60. 何谓植物营养临界期?

植物在生长发育过程中常有这样一个时期，该时期对某种矿质养分要求的绝对数量虽不是很多或很少，但对这种养分的缺少或过量反应敏感，如果供应数量不当，则生长发育将受到较大影响，即使以后补充供给或采取其他补救措施，也难以纠正或弥补。这一时期被称为植物营养临界期。

图 4－7　植物营养临界期

植物营养临界期一般出现在植物生长发育的前期。对于不同矿质养分，临界期并不完全相同。如植物磷营养临界期为幼苗期，对于禾本科植物则为三叶期前后。而植物氮、钾营养临界期为生长中前期，对于禾本科植物则为分蘖和幼穗分化形成期。

种子生产与营养体生产的临界期及其对矿质养分的反应并不完全相同，前者较后者多一个临界期——幼穗分化形成期，前者的氮临界期对氮的缺少或过量皆反应敏感，而后者只对缺少反应敏感。

（二）土壤养分供应规律

61. 土壤矿质养分含量大致是多少？

土壤中含量最多的两种元素是氧和硅，分别占49%和33%，其次是铝和铁，分别占7.13%和3.80%，四者合计接近93%。钠、钙和钾的含量依次为1.67%、1.37%和1.36%，镁和氮的含量分别为0.60%和0.10%，锰、硫和磷的含量依次为0.085%、0.085%和0.080%，锌、铜和硼的含量依次为0.005%、0.002%和0.001%，钴和钼的含量分别为0.000 8%和0.000 3%。

土壤矿质养分含量因成土母质、生物、气候、地形、陆地年龄及耕作措施的不同而不同。不同类型土壤的矿质养分含量

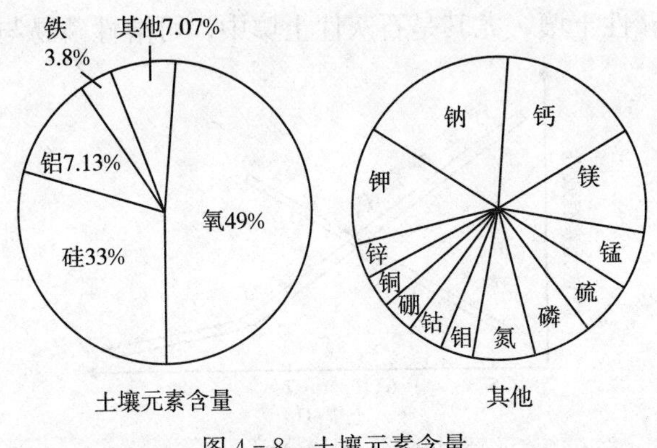

图4-8　土壤元素含量

存在差异。

62. 何谓速效、缓效和迟效养分？

土壤矿质养分以水溶态、交换态、缓效态、难溶态和有机态等五种形态存在。其中水溶态和交换态养分可以迅速供植物吸收利用，称为速效养分。缓效态、难溶态和有机态养分需要缓慢转化为水溶态或交换态后才能供植物吸收利用，称为缓效和迟效养分。

相对于缓效和迟效养分而言，速效养分对于植物营养更为重要。然而，土壤矿质养分主要以缓效态和迟效态存在，速效养分所占比例仅为1%～10%。如我国当前耕地土壤速效氮、磷、钾含量一般分别在5～50mg/kg、2～50mg/kg、50～250mg/kg。因此，尽管土壤矿质养分总量不少，却还是存在部分养分不能满足植物需要的情形。

土壤酸碱度影响矿质养分的有效性。在酸性土壤中，可溶性磷易与铁、铝化合形成磷酸铁、磷酸铝而降低有效性。土壤胶体中的交换性钾、钙、镁等易被氢离子置换出来，一旦遇到雨水就会流失掉。酸性土壤还缺硫和钼。

在碱性土壤，尤其是石灰性土壤中，可溶性磷易与钙结合

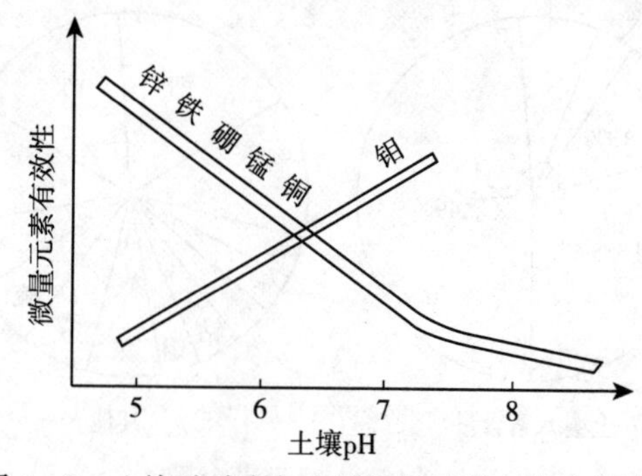

图4-9　土壤酸碱度与土壤微量元素有效性的关系

生成难溶性磷钙盐类而降低有效性。在石灰性土壤中，铁、锰、铜、锌、硼的有效性大大降低，植物常常缺乏这些营养元素。

63. 何谓土壤速效矿质养分容量？

土壤固相能够吸附保存一定数量的速效矿质养分。土壤固相吸附保存的速效矿质养分以交换态存在，与土壤溶液中的水溶态养分保持动态平衡。当土壤溶液中的水溶态养分含量降低时，土壤固相吸附保存的交换态养分就将自动解吸出来而进入溶液中。相反，当溶液中的水溶态养分含量升高时，固相将自动吸附保存溶液中的水溶态养分。土壤固相吸附保存速效矿质养分的能力称为土壤速效矿质养分容量。反映土壤速效矿质养分容量的指标是阳离子交换量。

图 4－10　土壤速效矿质养分容量

阳离子交换量（CEC）是指土壤所能吸附和交换的阳离子的数量，用每千克土壤能吸附和交换一价阳离子的厘摩尔数表示，即 cmol/kg。阳离子交换量大的土壤，能够吸附保持的矿质养分多，土壤速效矿质养分容量大，保肥力亦强。相反，阳离子交换量小的土壤，能够吸附保持的矿质养分少，土壤速效矿质养分容量小，保肥力亦弱。

阳离子交换量实质上是土壤胶体所带的负电荷的数量，能够影响土壤负电荷数量的因素都将对阳离子交换量的大小产生影响。其中影响较大的因素有土壤质地和土壤有机质含量。土壤黏性强，有机质含量较高，则所带负电荷多，阳离子交换量亦大。相反，土壤沙性强，有机质含量低，则所带负电荷少，阳离子交换量亦小。

64. 为什么土壤速效矿质养分过量有害?

土壤速效矿质养分对植物十分重要，那么是不是土壤速效矿质养分含量越高越好呢？并非如此。在一定限度内，土壤速效矿质养分含量越高，植物产量越高。但当超出一定限度时，植物产量不但不增加，反而减少，植物甚至不能正常生长发育。原因是土壤速效矿质养分容量是有限度的。在限度之内，

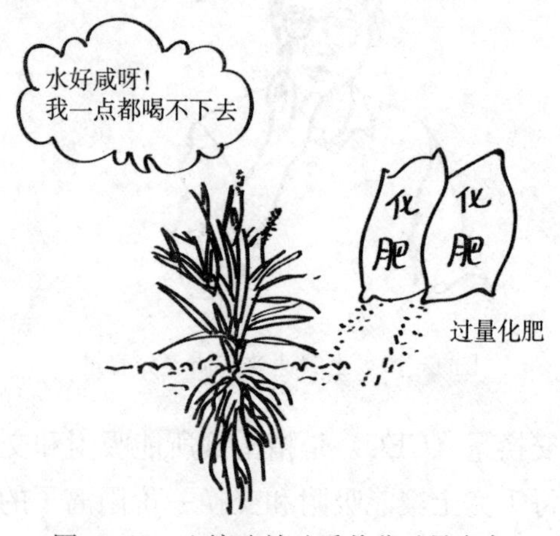

图 4－11　土壤速效矿质养分过量有害

土壤固相部分可以将绝大部分速效矿质养分吸附保存起来，但当超出限度时，土壤速效矿质养分含量过高时，固相没有能力将过量的水溶态养分吸附保存起来，于是土壤溶液中的盐分浓度就会提高，土壤溶液甚至像海水一样。因盐分浓度及盐分自身的危害作用，植物将不能正常生长发育，直至枯死。

65. 盐基饱和度为多少较适宜?

土壤胶体吸附的交换性阳离子可以分为两种类型：一类为致酸离子，如氢离子、铝离子；另一类为盐基离子，如钾离子、钠离子、钙离子、镁离子、铵离子等。盐基饱和度是指交换性盐基离子占阳离子交换量的百分数。显然，盐基饱和度高的土壤进一步容纳速效养分的潜力小，相反，盐基饱和度低的土壤进一步容纳速效养分的潜力大。但盐基饱和度过低的土壤通常偏酸性，亦不利于植物生长发育。一般认为，不将铵离子计算在内的盐基饱和度以60%～80%较为适宜，既具有较大的容纳铵离子等的容量，土壤酸碱度又较为适中。

图 4-12　适宜盐基饱和度

（三）肥料特性

66. 化肥有哪些优点和缺点？

凡施入土壤、注入植株或喷洒于叶片上，能直接或间接地供给植物养分而获得高产优质的植物产品，或能改善土壤物理、化学、生物性状，提高土壤肥力，而不对环境产生有害影响的物质都称为肥料。根据肥料的性质，一般将其分为3类，即化学肥料（化肥）、有机肥料（有机肥）、微生物肥料（菌肥）。

化肥是采用化学合成或将某些含有营养元素的矿物适当加工而制成的肥料，亦有一些为工矿企业的含有养分的副产物。化肥以供给植物营养物质为主，有些还具有改良土壤的作用。

化肥的优点是养分含量高，肥效快。缺点是养分较为单一，通常需要几种肥料配合施用；养分释放速度快，纵向平衡供应能力较差；易经挥发、淋溶、固定等途径损失，利用率不高；酸、碱、盐性强烈，施用不当，不仅对植物生长不利，还可能使土壤变劣，降低土壤肥力。

图4-13　化肥的优点和缺点

67. 速效肥、缓效肥、迟效肥的养分释放特点有何差异?

按化肥成分可将化肥分为氮肥、磷肥、钾肥、复合肥和微肥等五类。氮肥依据其含氮化合物的形态差异，又可分为铵态氮肥、硝态氮肥、硝铵态氮肥、酰胺态氮肥和氰氨态氮肥。磷肥根据其溶解性又可分为水溶性、枸溶性、难溶性磷肥。复合肥是同时含有氮、磷、钾三要素中两种或两种以上营养成分的化肥。微肥是含有效态铁、锰、铜、锌、硼、钼、镍、氯等微量营养元素的化肥。

按肥效快慢可将化肥分为速效肥、缓效肥、迟效肥等3类。速效肥易溶于水，施后能立即为植物所吸收利用，大多数化肥均属这一类。缓效肥溶解慢，养分释放慢，肥效稳而长。迟效肥施入土壤中后须经较长时间分解转化，才能为植物所吸收利用。

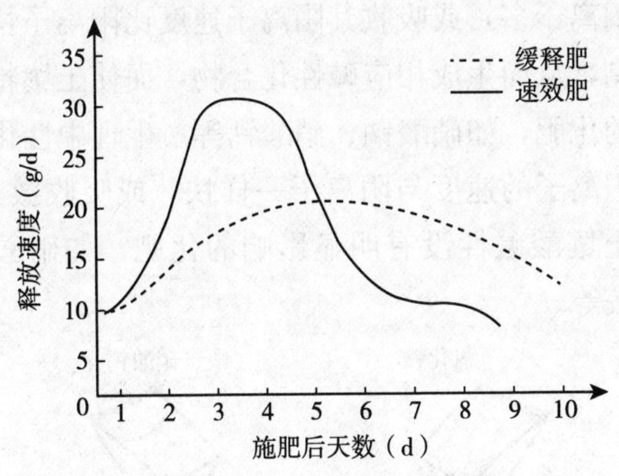

图4-14　速效肥和缓效肥肥力释放模型

68. 何谓生理酸性、生理碱性、生理中性化肥?

按在水溶液中酸碱反应可将化肥分为化学酸性、化学碱性、化学中性化肥等三类。化学酸性化肥水溶液呈酸性，包括强酸弱碱盐、酸式盐或含有游离酸的化肥，如硫酸锰、氯化铁、磷酸二氢钾、过磷酸钙等。化学碱性化肥水溶液呈碱性，包括强碱弱酸盐、碱性物质为副成分的化肥和本身是碱性物质的化肥，如氨水、液氨、石灰氮、钢渣磷肥、窑灰钾肥、碳酸氢铵等。化学中性化肥水溶液为中性，包括强酸强碱盐、强酸的铵盐和非极性化肥，如硝酸钠、硝酸钾、硫酸钾、氯化钾、硝酸铵、氯化铵、尿素等。

按被植物吸收利用后对环境反应的影响可将化肥分为生理酸性、生理碱性、生理中性化肥等三类。生理酸性化肥是指植物吸收其阳离子比阴离子多，或吸收其阳离子速度比阴离子快，溶液中阴离子过剩，与根系吸收阳离子时排出的氢离子结合生成相应酸类，而使土壤特别是根际土壤或溶液变酸的化肥，如大多数中性铵盐和钾盐。生理碱性化肥是指植物吸收其阴离子比阳离子多，或吸收其阴离子速度比阳离子快，溶液中阳离子过剩，从而生成相应碱性化合物，而使土壤特别是近根土壤变碱的化肥，如硝酸钠、硝酸钙等。生理中性化肥是指植物吸收其阳离子的速度与阴离子一样快，或吸收数量一样多，吸收后对土壤酸碱性没有明显影响的化肥，如硝酸钾、硝酸铵、磷酸铵等。

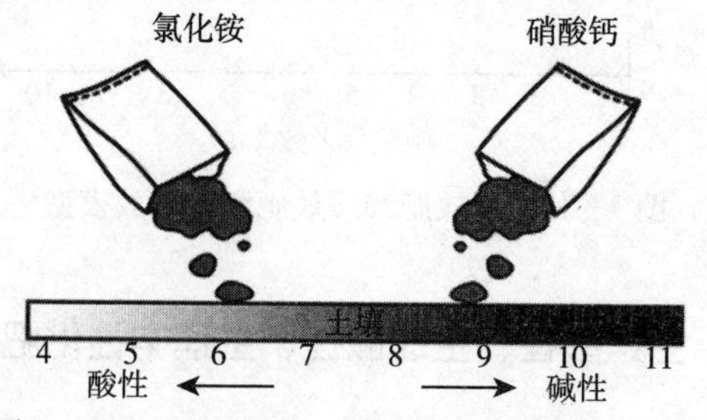

图 4-15　生理酸性、生理碱性化肥的环境反应

69. 什么是盐分指数?

化肥大多数是由阴离子和阳离子化合而成的无机盐，少数属于有机化合物的化肥，如尿素，施入土壤后亦很快转化成无机盐。因此，化肥施入土壤后一般具有提高土壤溶液的盐分浓度和渗透压的作用。用以衡量化肥提高土壤溶液的盐分浓度和渗透压的效应强弱的指标为盐分指数。盐分指数越高则效应越强，盐分指数越低则效应越弱。按盐分指数高低可将化肥分为高盐分指数化肥、低盐分指数化肥等两类。通常含氯离子及硝酸根离子的化肥盐分指数都较高，原因在于，与氯离子、硝酸根离子构成之无机盐的溶解度高于其他大部分化肥。通常各种磷肥的盐分指数都较低。常见化肥的盐分指数见附录7。

图4-16　盐分指数

70. 肥料养分在土壤中会发生哪些运动和变化?

肥料施入土壤后，并非原地不动、原封不变，而是要参与到土壤养分循环中去，发生诸多变化和迁移。

氮素可以通过反硝化作用和氨挥发两个机制形成气体氮而逸出土壤，进入大气。在微碱性和厌氧条件下，反硝化作用强烈。在石灰性土壤中施铵态氮和尿素等化肥时，氨挥发可达施氮量的30%以上。土壤黏粒和腐殖质能吸附铵离子，阻止氨的挥发，阳离子交换量低的沙质土中氨的挥发损失明显比黏质土大。

淋洗和地表径流也是肥料养分损失的一个途径。硝态氮带负电荷，是易被淋洗的氮形态。钾和各种微量元素都存在淋洗损失问题。渗漏水越多，淋洗损失越大。

氮、磷、钾和多数微量元素都存在土壤固定作用。其中磷肥的土壤固定作用最为强烈，通常可达80%左右，而且过量施磷还可使土壤中的铁、锰、锌、镁等因与磷结合形成难溶性磷酸盐而被固定。

肥料养分在土壤中具有一定的移动性，可借助土壤水分发生一定程度的位移。其中磷的移动性很小，通常只有1～3cm，钙的移动性亦较小。

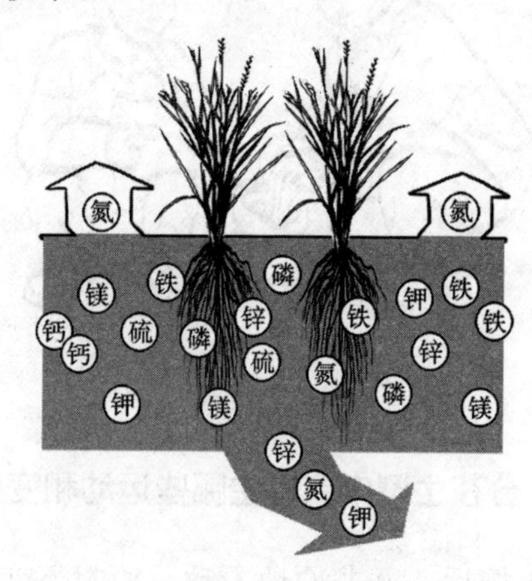

图4-17　土壤养分损失

71. 化肥位置效应的成因有哪些?

化肥在土壤中的位置，尤其是与植物根系的相对位置，对其肥效有较大的影响，这种由于位置不同导致的肥效差异称为化肥位置效应。

位置效应的成因主要有三条。一是植物根系在土壤中的分布具有一定的空间范围。施肥位置在根系分布范围内，尤其是密集分布区，有利于植物对养分的吸收；反之，位置过远，甚至在根系分布范围外，则不利于吸收。二是化肥的盐性使其具有烧种、烧苗的毒害能力。化肥施入土壤后一般具有增加土壤溶液的盐分浓度、引起土壤溶液渗透压提高的作用。当施肥量较大，尤其是施用高盐分指数化肥，施肥位置与种子或植物根系过近，则极可能发生烧种、烧苗现象。三是化肥施入土壤后存在经挥发、流失、固定等途径大量损失的风险。相对集中深施可以减少这种损失。原因是集中施用可减少肥料的比面积，从而减少养分的固定；深施可以减少挥发和流失。相反，分散

图 4-18　化肥致死位置

浅施则会使损失加大。

播种时底肥条施，盐分指数低的过磷酸钙没有烧种、烧苗问题，可以种肥同位。尿素具有严重的烧种、烧苗问题，通常种肥同位为致死位置，种下 3cm、种上 5cm 为半致死位置，较好位置为种侧 5.5cm、地表下 5.5cm。盐分指数最高的氯化铵，较好位置通常为种侧 5～10cm、地表下 6cm。追肥，一般认为的较好位置是植株侧面 10～20cm、地表下 6cm。无论是底肥还是追肥，当施肥位置不当时，施肥量越大，土壤含水量越低，对植物的伤害越重。

72. 有机肥有哪些优点和缺点？

有机肥是以有机物为主的肥料，多为人和动物的排泄物以及动植物残体，如人畜粪尿、厩肥、堆肥、绿肥、泥炭等。

有机肥有机质含量丰富，同时含有植物所需的多种矿质营养元素。有机肥除具有营养作用外，还是非常优秀的土壤改良剂、地力培肥剂，对改善土壤结构、提高土壤养分容量、增强土壤保肥保水能力、调节土壤酸碱度、促进土壤微生物活动、提高土壤养分有效性等都具有良好的作用。施用有机肥是植物生产中物质和能量循环不可缺少的重要环节。

有机肥的缺点是矿质养分浓度低；供肥相对缓慢；当季有

图 4-19　有机肥的优点和缺点

效性略低，氮、磷、钾和硫依次约为化肥的30%、80%、80%和55%。

商品有机肥国家标准（NY 525—2012）规定，有机质含量≥45%（烘干样品），总养分[氮(N)+五氧化二磷(P_2O_5)+氧化钾(K_2O)]含量≥5%（烘干样品），水分含量≤30%（鲜样），pH 5.5～8.5。重金属限量指标（烘干样品）为，总砷（As）≤15mg/kg，总汞（Hg）≤ 2mg/kg，总铅（Pb）≤50mg/kg，总铬（Cr）≤150mg/kg，总镉（Cd）≤ 3mg/kg。

73. 什么是菌肥?

菌肥是以活的微生物为有效成分的肥料，包括根瘤菌肥、固氮菌肥、磷细菌肥、钾细菌肥等。菌肥自身并不是植物的养分，但其具有固定空气中的游离氮素或活化土壤中植物难以利用的无效磷、钾等的功能，因此可以减少相应营养元素的施肥量。由于菌肥由活菌构成，通常忌阳光直射，忌与农药混施，对土壤温度、湿度、酸碱度、有机质含量等环境条件的要求亦较为严格。

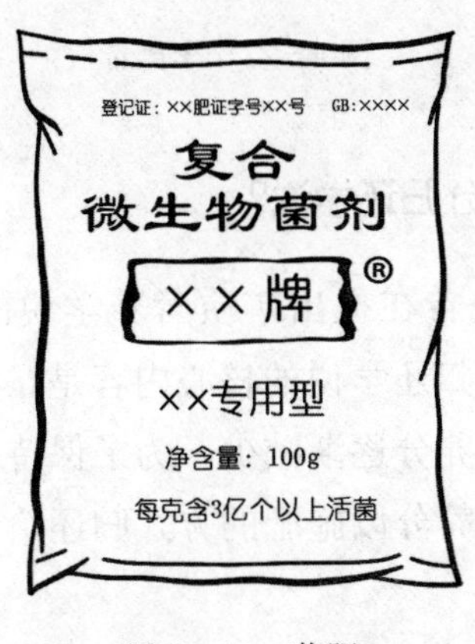

图4-20　菌肥

（四）施肥原理

74. 什么是矿质营养学说？

1840 年，德国学者李比希（Justus von Liebig，1803—1873）在伦敦英国有机化学年会上发表了题为《化学在农业和生理学上的应用》的著名论文，提出了矿质营养学说，并否定了当时流行的腐殖质营养学说。他指出，腐殖质是在地球上有了植物以后才出现的，而不是在植物出现以前，因此植物之原始养分只能是矿物质。这就是矿质营养学说的主要论点。

图 4-21　李比希

75. 什么是养分归还学说？

1840 年，李比希在提出矿质营养学说的同时，提出了养分归还学说。养分归还学说的核心内容是，植物从土壤中吸收矿质养分，使土壤养分逐渐减少，为了保持土壤肥力，就必须把植物带走的矿质养分以施肥的方式归还给土壤，否则将导致土壤越来越贫瘠。

在植物的 17 种必需营养元素中，碳、氢、氧源于空气和水，其余14种元素则依赖于土壤供给。人类从事植物生产，在从土地上移出植物产品的同时，也移出了植物从土壤中吸收的养分。土壤中各种养分元素的含量是有限的，如果只是移出而不予以归还，土壤中的养分势必会越来越少，长此以往，必将导致地力降低以至衰竭，植物产量下降以至绝收。因此，为了保持地力，稳定植物产量，就必须将随植物产品移出的养分以肥料的形式归还给土壤，使土壤的养分亏损和返还之间保持平衡。

养分归还学说框定了土壤养分移出需要归还的大原则，但并不需要同时归还全部移出的养分。原因是各种营养元素在土壤中的含量不同，植物对各种营养元素的需求量亦差别很大。相对于植物需求，土壤中有些养分十分丰富，一定时期内根本不需返还；相反，有些养分十分缺乏，一定时期内需要超量返还。因此，在生产实践中采取的养分归还策略并不是全部归还，而是有重点地部分归还。

图4-22　养分移出和归还示意

76. 什么是最小养分律?

1843年，李比希在《化学在农业和生理学上的应用》一书的第三版中提出了最小养分律。最小养分律的核心内容是：植物生长发育需要吸收各种养分，但决定产量高低的是土壤中的最小养分；在一定范围内，产量随这种养分之增减而升降；无视这种最小养分，继续增加其他任何养分，都难以提高作物产量。

最小养分是相对于植物需求含量最少的养分，而非土壤中绝对含量最少的养分。当存在最小养分时，其他养分含量再多，植物产量也不能提高。最小养分亦不是一成不变的，当由于施肥等原因，某一时期植物最感缺乏的营养元素超过植物需求时，另一种营养元素就可能成为新的最小养分。依据最小养分律，在进行养分归还时，首先要归还最小养分。只有在最小养分得到满足供应的情况下，才能考虑归还其他养分。

农田土壤中氮含量普遍较低，而植物对氮的需求量很高，植物最感缺乏，因此氮通常为最小养分，施肥时氮肥为首选肥料。次感缺乏的养分为磷，施氮之后磷成为大部分地区之新的最小养分，欲进一步提高产量，还需施用磷肥。钾亦是颇感缺乏的养分，长江以南地区土壤缺钾尤为突出，已经成为植物产量增加的限制因子，在施用氮、磷的同时还要施用钾肥。由于氮、磷、钾三种养分相对于植物需求较为不足，需要大量施用，因此亦被称作“植物营养三要素”。

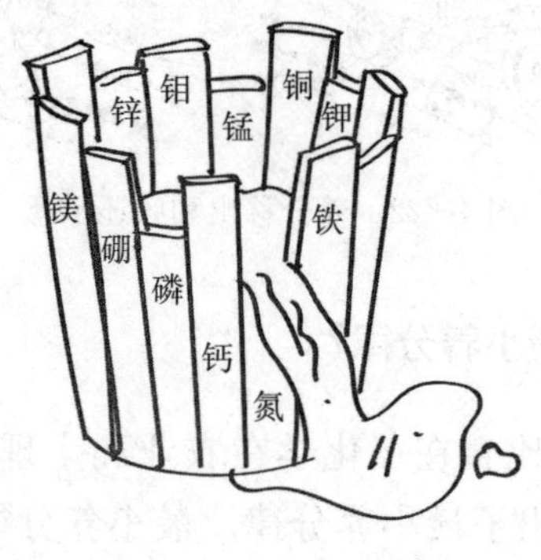

图 4-23　最小养分律

77. 什么是限制因子律和因子综合作用律？

1905 年，英国学者布莱克曼（Blackman）把最小养分律扩大到养分以外的生态因子，如光照、温度、水分、空气和机械支撑等，提出了限制因子律。其含义是：增加一个因子的供应，可以使作物生长增加，但当存在一个生长因子不足时，即使增加其他因子的供应，也不能使作物增产，直到缺乏因子得到满足，作物产量才能继续增长。

限制因子律告诉我们，养分以外的许多因子，如土壤性质、气候条件、栽培技术等都可能成为限制作物生长的制约因子，因此施肥时不但要考虑各种养分的供应情况，还需注意协调与生长有关的其他因素。

图 4－24　限制因子律

因子综合作用律是指植物的生长发育和产量形成并非单纯由养分的丰缺决定，而是由影响植物生长发育的各种因子综合作用的结果，如光照、水分、温度、养分、空气、土壤性质及耕作条件等。依据因子综合作用律，施肥措施必须与其他农业技术措施密切配合，孤立地采取施肥措施难以取得理想的结果。

78. 何谓拮抗作用和协同作用？

植物之各种必需营养元素并非孤立存在、独立发挥作用，而是相互之间存在着复杂的交互作用。这种交互作用主要表现为拮抗作用和协同作用两种形式。拮抗作用是指一种营养元素对另外一种或几种营养元素之有效性的抑制作用，如钾对钙、镁具有拮抗作用，磷对镁、铁、锰、锌具有拮抗作用等。施肥时需要考虑养分之间存在的这种拮抗作用，对其他营养元素之有效性抑制强烈的养分不宜过量施用。当然，也可利用这种拮抗作用消除土壤中某些元素的毒害作用，如我国南方酸性土壤施磷可减轻铝的毒害。协同作用是指一种营养元素对另外一种或几种营养元素之有效性的促进作用。施肥时可以利用这种协同作用，有意多施某些养分，以提高相应营养元素的有效性。

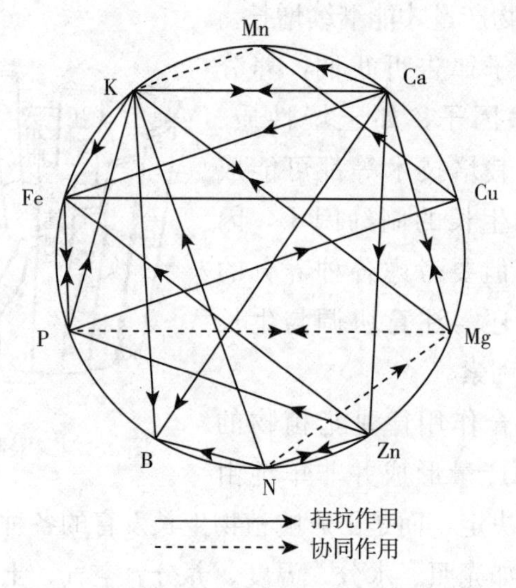

图 4-25　拮抗作用和协同作用

79. 何谓平衡施肥?

为了获得植物高产，单纯施用最小养分氮是远远不够的。原因是在氮满足供应的情况下，磷成为新的最小养分，限制植物产量提高。同样，在氮、磷满足供应的前提下，钾又成为新的最小养分，限制植物产量提高。因此不仅要施用氮肥，还要施用磷肥和钾肥。事实上，不但要施用被称为“肥料三要素”

的氮、磷、钾，而且要考虑对植物产量提高具有限制作用的部分中、微量必需营养元素。因同期需要施用多种养分，平衡供应养分理论和平衡施肥得以诞生。

植物是按一定的比例和数量吸收各种养分的，若依照植物对各种养分的吸收比例和数量平衡供应之，则将有利于植物生长发育和产量提高，此即为平衡供应养分理论。平衡施肥是指依据植物对各种养分的需求比例和数量，充分考虑土壤养分供应情况后，按照一定的比例和数量供应植物所需养分，使各种养分实现平衡供应。平衡施肥不仅增产效果显著，而且节约肥料用量。

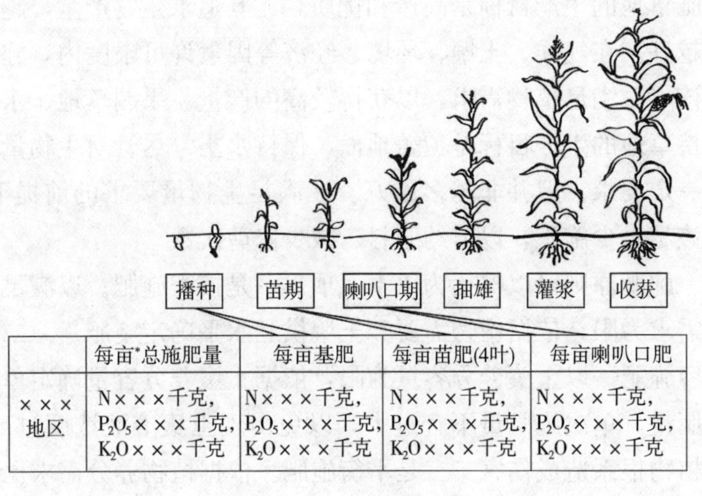

	每亩*总施肥量	每亩基肥	每亩苗肥(4叶)	每亩喇叭口肥
××× 地区	N×××千克，P_2O_5×××千克，K_2O×××千克	N×××千克，P_2O_5×××千克，K_2O×××千克	N×××千克，P_2O_5×××千克，K_2O×××千克	N×××千克，P_2O_5×××千克，K_2O×××千克

图 4－26　平衡施肥

平衡供应养分理论和平衡施肥还有一种含义，即按植物养分需求在时间上的持续性和阶段性来考虑的纵向平衡。植物对

* 亩为非法定计量单位，15 亩＝1hm^2。——编者注

养分的需求和吸收在时间上是持续的，同时存在阶段性，即不同生长发育阶段对养分的需求和吸收存在差异。因此，亦需依照植物养分需求在时间上的持续性和阶段性平衡供应养分和平衡施肥。纵向平衡施肥不仅有利于植物生长发育和产量增加，而且可提高肥料利用率。

（五）施肥目的与原则

80. 施肥的目的与原则有哪些？

施肥的目的是维持草地健康，满足生产要求。饲用草地、绿肥草地的生产目标是高产和优质，尤其追求生物产量，越高产越好。在气候、土壤、环境、经济等因素许可限度内，施肥应该尽量满足植物需求，以获得较高的产量。果园草地、水土保持草地的生产目标是覆盖地面、保持水土，尽管对生物量也有一定要求，但并非越多越好。在满足生物量要求的前提下，应该尽量少施肥，以节约肥料、减少修剪次数。

施肥原则可以概括为以下八项。一是按需施肥。以满足植物需求为限，依据植物需要和土壤供肥水平确定施肥量。二是按容施肥。以土壤养分容量为限，依据土壤养分容量确定单次施肥量。单次施肥量不宜过大，以免出现土壤溶液浓度过高，对植物根系造成伤害。三是平衡施肥。依据植物养分需求比例和数量，结合土壤养分供应水平，按照一定的比例和数量施肥，使各种养分实现平衡供应。依据植物养分需求在时间上的持续性和阶段性平衡施肥。四是均匀施肥。要将肥料均匀施入田间，不可重施、漏施。五是调节地力。通过调整施肥量，将低肥力地块的地力逐渐提升上来，将高肥力地块的地力逐渐降低下来。六是节约成本。在满足经济收益的前提下，力争施肥投入最小化，以实现节本增效。七是提高肥料利用率。采取各种措施，努力提高肥料利用率，以减少施肥量和节约资源。八是减少环境污染。采取各种措施，努力减少施肥对环境可能造成的污染，以保护环境。

图 4－27 施肥原则

（六）施肥量确定方法

81. 什么是肥料效应函数法?

用肥料试验来确定某一地点的施肥量已有相当长的历史。早期的肥料试验仅是一个肥料用量与不施肥对照的比较，以后逐渐发展为几个肥料用量的比较，从中选出一个最高产量的肥料用量作为该地点的推荐施肥量。

20 世纪初，米采利希在数学家布尔的协助下首次创建了施肥与植物产量之间的数学关系式，开辟了肥料试验的数学处理途径。

肥料用量不同导致的植物产量差异称为肥料效应。用数学的方法把植物产量与肥料用量之间的关系表达出来，即为肥料效应函数方程。

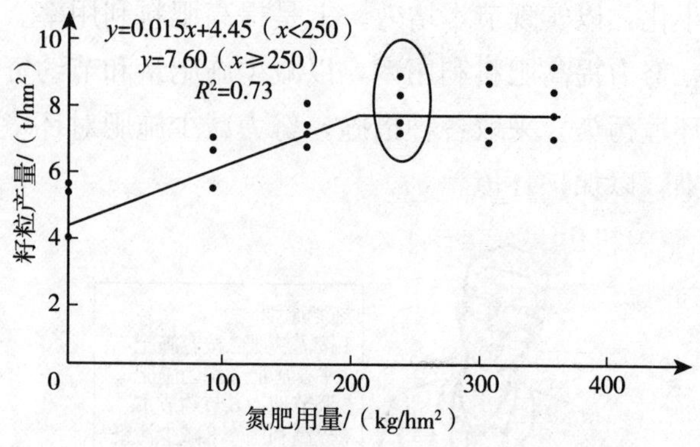

图 4－28　肥料效应函数方程

肥料效应函数法就是设计一元（亦称单因素）或二元（亦称双因素）乃至多元（亦称多因素）施肥量及配比处理方案，进行田间试验，测定各个处理的作物产量，利用施肥量与作物产量之间的相关性，建立肥料效应函数方程（亦称肥料效应回归方程），依据方程推算出适宜施肥量及配比组合。

肥料效应函数法的优点是源于田间试验，可靠，直观。缺点是时间和空间有效性难以确定，耗时，费工。几乎每个不同肥力地块，每隔几年就要做一次试验。

图 4－29　肥料效应函数法的缺点

82. 什么是养分平衡—校正系数法?

养分平衡法是用目标产量作物吸收养分量减去土壤供应养分量，差额部分通过施肥补足，使目标产量作物所需养分量与土壤和肥料供应养分量之间达到平衡，基础公式如下：

适宜施用养分量＝(目标产量作物吸收养分量－土壤供应养分量)÷养分当季利用率

养分平衡-校正系数法由美国土壤化学家特鲁格（Truog）于1960年在第7届国际土壤学会上提出。该法之核心是用土壤有效养分测定值乘以校正系数估算土壤供肥量，计算公式如下：

适宜施用养分量＝(目标产量作物吸收养分量－土壤有效养分量×校正系数)÷养分当季利用率
＝(目标产量×单位经济产量作物吸收养分量－土壤有效养分含量×2.25×校正系数)÷养分当季利用率

式中适宜施用养分量、目标产量、单位经济产量作物吸收养分量和土壤有效养分含量的单位依次为 kg/hm^2、t/hm^2、kg/t 和 mg/kg，校正系数和养分当季利用率无量纲。

图 4－30　养分平衡—校正系数法

养分平衡-校正系数法计算公式中“土壤有效养分量”转换为“土壤有效养分含量×2.25”的推导过程如下：

令 0～20cm 耕层土壤容重为 1.125t/m^3，则 1hm^2 农田 0～20cm 耕层土壤质量为 2.25×10^{6}kg。

若 0～20cm 耕层土壤有效养分含量为 1mg/kg，则 1hm^2 农田 0～20cm 耕层土壤有效养分量为 2.25kg。

83. 校正系数如何获得?

实验室测定土壤有效养分是一个化学过程，而作物吸收土壤有效养分是一个生物过程；土壤全量养分和有效养分存在一个动态转化过程；0～20cm 耕层土壤有效养分不一定能被作物全部吸收；作物吸收土壤有效养分并不限于 0～20cm 耕层土壤。由于上述诸原因，用化学方法测得的土壤有效养分量并不等于作物吸收的土壤养分量，因此土壤速效养分测定值需要校正系数进行校正。

养分平衡-校正系数法中的校正系数通过缺素处理试验获得。缺素处理是指不施某一种试验养分、其余养分满足供应的试验处理，如联合国粮食及农业组织推荐的“常规 5 处理”（无肥、缺氮、缺磷、缺钾、全肥处理）施肥试验中的缺氮（PK）、缺磷（NK）或缺钾（NP）处理。显然，缺素处理产量是在不施某一种试验养分、其余养分满足供应条件下的作物产量，该种试验养分的“缺素处理产量作物吸收养分量”全部来自土壤。校正系数的计算公式如下：

校正系数＝缺素处理产量作物吸收养分量÷土壤有效养分量

＝（缺素处理产量×单位经济产量作物吸收养分量）÷（土壤有效养分含量×2.25）

图 4-31　校正系数获得方法

84. 养分平衡—校正系数法有什么优点和缺点?

养分平衡-校正系数法的优点是测土定肥，简单易行，省时，省工。缺点是校正系数不是常数，乃是因作物种类和土壤类型而异，与土壤有效养分含量对数负相关的变量。特鲁格将校正系数视作一个常数的假设不成立。应用养分平衡—校正系数法需要建立众多校正系数系列。然而，时至今日已经建立的校正系数系列极少。

图 4-32　养分平衡—校正系数法的缺点

85. 什么是养分平衡—地力差减法?

养分平衡—地力差减法之核心是用缺素处理作物吸收养分量确定土壤供肥量。20 世纪我国在缺乏田间试验数据的情况下曾用地力产量（无肥处理产量）代替缺素处理产量（亦称基础产量），因此该法被称作养分平衡—地力差减法并沿用至今。养分平衡—地力差减法计算公式如下：

适宜施用养分量＝（目标产量作物吸收养分量－基础产量作物吸收养分量）÷养分当季利用率

＝（目标产量－基础产量）×单位经济产量作物吸收养分量÷养分当季利用率

式中的基础产量确切所指为缺素处理产量，即“常规 5 处理”施肥试验中的缺氮、缺磷或缺钾处理产量。

图 4－33　养分平衡—地力差减法

86. 养分平衡—地力差减法新应用公式如何推导而来?

中国农业大学孙洪仁团队于 2014 年成功创建了养分平衡—

地力差减法确定适宜施肥量的新应用公式，如下所示：

适宜施用养分量＝目标产量作物移出养分量×（1－缺素处理相对产量）÷养分当季利用率

新应用公式推导过程如下：

适宜施用养分量＝（目标产量－基础产量）×单位经济产量作物吸收养分量÷养分当季利用率
＝（全肥处理产量－缺素处理产量）×单位经济产量作物吸收养分量÷养分当季利用率
＝（全肥处理产量－全肥处理产量×缺素处理相对产量）×单位经济产量作物吸收养分量÷养分当季利用率
＝（1－缺素处理相对产量）×全肥处理产量×单位经济产量作物吸收养分量÷养分当季利用率
＝（1－缺素处理相对产量）×全肥处理产量作物吸收养分量÷养分当季利用率
＝（1－缺素处理相对产量）×目标产量作

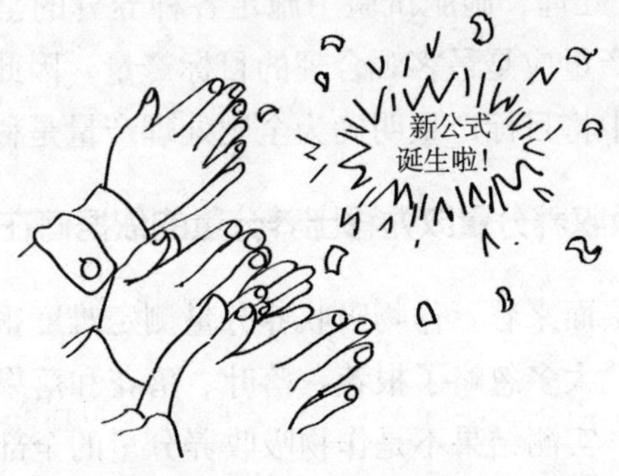

图 4－34　养分平衡—地力差减法新应用公式

物吸收养分量÷养分当季利用率

＝目标产量作物吸收养分量×（1－缺素处理相对产量）÷养分当季利用率

＝目标产量作物移出养分量×（1－缺素处理相对产量）÷养分当季利用率

87. 将全肥处理产量视作目标产量的依据何在?

目标产量是指研究区域预期可达到的单位面积产量。它应符合当地气候、土壤、栽培管理水平等条件。就一个地区的自然条件和生产水平而言，在一定时期内如果没有生产措施方面的重大变革，单位面积产量水平基本上是稳定的，因此可以对目标产量作出有科学依据而非盲目的估测。显而易见，田间试验法是确定目标产量最为科学可靠、符合实际的方法。“常规5处理”施肥试验中施足各种养分的全肥处理形成的全肥处理产量应是最客观合理的目标产量。因此，新应用公式推导过程中将目标产量明确为全肥处理产量是科学合理的。

图4-35　全肥处理产量等于目标产量

88. 将吸收养分量改为移出养分量的依据何在?

从实践层面来看，作物吸收养分量测定难度很大。在实际测定过程中，大多忽略了根茬，落叶、落花和落果等更未考虑在内。显然，实测结果不是作物吸收养分量的全部，仅为作物移出田间部分所携带的养分。因此，称之为作物移出养分量更为名实相符。

从理论层面分析，李比希的养分归还学说启示我们，对于具有连年持续种植特征的作物生产而言，确定施肥量的依据应该是作物从田间移出的养分量，即作物移出养分量。因此，新应用公式推导过程中用“目标产量作物移出养分量”这一变量替代“目标产量作物吸收养分量”更为科学合理。

图 4－36　移出养分量替代吸收养分量

单位经济产量作物吸收（移出）养分量是相对稳定的常数，可以在相关教材、专著和科普读物中查到。紫花苜蓿单位经济产量移出养分量见附录 8。

89. 作物养分当季利用率是常数吗?

养分当季利用率因养分种类和栽培管理措施而异。通常情况下，我国氮、磷和钾的当季利用率分别约为 30%～50%、10%～30%和 40%～60%。当施肥量超出适宜用量过大或施肥方法严重不当时，养分当季利用率则会低于上述范围。当采用滴灌等较为先进的水肥一体化方式进行科学施肥时，养分当季利用率则会高出上述范围。但在特定自然区域，在特定生产条件下，特定作物的养分当季利用率可以视作相对稳定的常数。

图 4-37　作物养分当季利用率

90. 养分平衡—地力差减法有什么优点和缺点?

养分平衡—地力差减法的优点是概念简明，逻辑清晰，容易理解；源于田间试验，可靠，较为直观。缺点是时间和空间

图 4-38　养分平衡—地力差减法的优点

有效性难以确定，耗时，较为费工。几乎每个不同肥力地块，每隔几年就要做一次试验。

91. 什么是土壤养分丰缺指标法?

土壤养分丰缺指标法是利用土壤养分含量与作物产量之间的相关性，针对具体作物种类，在各种不同养分含量的土壤上进行田间缺素和全肥处理试验，依据作物缺素处理相对产量将土壤养分含量划分为若干丰缺级别，并确定各丰缺级别的适宜施肥量，进而建立土壤养分丰缺指标与适宜施肥量检索表，而后利用土壤养分含量测定值，即可对照检索表确定研究区域内任意地块的适宜施肥量。

土壤养分丰缺指标法属于系统定肥法，主要由 4 个环节构成。第一个环节为建立土壤养分丰缺指标，第二个环节为确定不同丰缺级别土壤的适宜施肥量，第三个环节为建立土壤养分丰缺指标与适宜施肥量检索表，第四个环节为测土定肥。前三个环节是基础，第四个环节是应用。

图 4－39　土壤养分丰缺指标法

建立土壤养分丰缺指标包括三个步骤，第一步是针对特定作物种类，多年、广泛测定土壤养分含量，选择至少数十个土壤养分含量差异较大的地块，进行全肥与缺素处理田间试验。第二步是建立缺素处理相对产量（y）与土壤养分含量（x）之间的回归方程［$y=f(x)$］。第三步是选定以缺素处理相对产量为依据的土壤养分丰缺分级方案，将分级方案中的缺素处理相对产量代入回归方程，求出各丰缺级别对应的土壤养分含量范围。

92. 何谓零散实验数据整合法?

建立土壤养分丰缺指标的第一步为开展多年、多点田间试验，工程较为巨大，需要耗费大量人力、物力、财力和时间，许多区域和许多作物难以实现。

中国农业大学孙洪仁团队于 2014 年成功创建了零散实验数据整合法，有效地解决了这一难题。具体做法是广泛搜集科学家们多年来针对特定作物种类在各地开展的零散施肥实验，提取土壤养分含量、缺素处理产量和全肥处理产量数据，计算

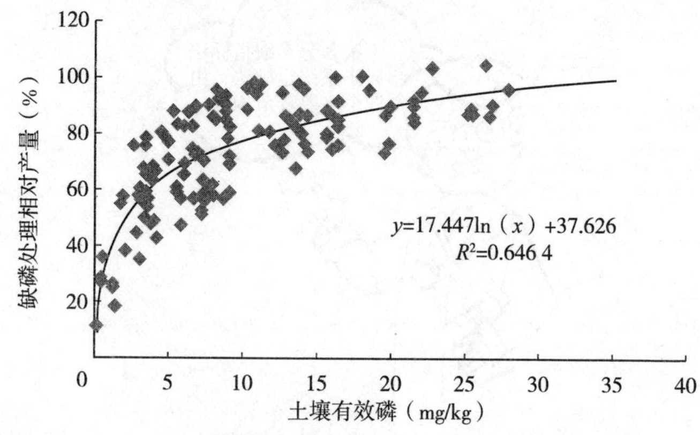

图 4-40　中国苜蓿缺磷处理相对产量与土壤有效磷含量回归关系

缺素处理相对产量，形成一系列缺素处理相对产量和土壤养分含量配套数据，将这些零散的配套数据整合在一起，建立缺素处理相对产量与土壤养分含量回归方程。例如，孙洪仁等采用零散实验数据整合法建立了中国苜蓿缺磷处理相对产量与土壤有效磷含量回归关系。

图 4－41　零散实验数据整合法

93. 作物土壤养分丰缺分级改良方案有何优势？

建立土壤养分丰缺指标离不开土壤养分丰缺分级方案。自 20 世纪 80 年代以来，我国制定的作物土壤养分丰缺分级方案计 4 套，见附录 9。

中国农业大学孙洪仁团队于 2014 年成功创建了作物土壤养分丰缺分级改良方案，列于附录 10。该改良方案融合众方案之长。首先，借鉴农业部 2008 年方案，均等化各丰缺级别的缺素处理相对产量跨度为 10%，使各丰缺级别的推荐施肥精准度得以一致化和优化。其次，借鉴全国协作组 1987 年方案，确定 100%作为最高丰缺级别的缺素处理相对产量下限，使最高丰缺级别的作物产量损失得以避免。

图 4-42 作物土壤养分丰缺分级改良方案

94. 如何确定不同丰缺级别土壤的适宜施肥量?

通常采用肥料效应函数法确定不同丰缺级别土壤的适宜施肥量，即在不同丰缺级别土壤的地块上分别开展若干肥料效应试验，建立肥料效应函数方程，推算适宜施肥量。亦可采用养分平衡—地力差减法确定不同丰缺级别土壤的适宜施肥量，即在不同丰缺级别土壤的地块上分别开展若干全肥与缺素处理田

图 4-43 养分平衡—地力差减法新应用公式“大显身手”

间试验，利用养分平衡—地力差减法计算公式计算适宜施肥量。

通过田间试验确定适宜施肥量需要耗费大量人力、物力、财力和时间。利用中国农业大学孙洪仁团队创建的养分平衡—地力差减法新应用公式，可以绕开田间试验，直接计算出不同丰缺级别土壤的适宜施肥量。采用养分平衡—地力差减法新应用公式计算得到的若干养分当季利用率情形下、不同丰缺级别土壤、以目标产量作物移出养分量为基数的适宜施用养分量见附录11。

95. 土壤养分丰缺指标法有什么优点和缺点?

由于空间适用范围大，时间持效长，省时省力，简单易行，土壤养分丰缺指标法一经创立便迅速成为世界各国广泛应用的测土定肥的经典、主流和标准方法。英国、德国的作物土壤养分丰缺指标推荐施肥系统都已有数十年的历史，美国各州基本上都有自己的作物土壤养分丰缺指标推荐施肥系统。该法的不足之处有二，一是建立作物土壤养分丰缺指标推荐施肥系统的工程较大，二是对氮素的适用性至今尚存争议。

图4-44　土壤养分丰缺指标法应用

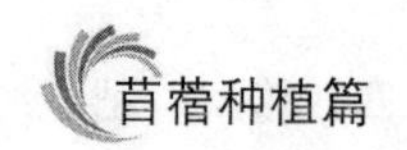

（七）中国苜蓿土壤养分丰缺指标推荐施肥系统

96. 中国苜蓿土壤养分丰缺指标推荐施肥系统包括哪些内容?

利用包括零散实验数据整合法、土壤养分丰缺分级改良方案和养分平衡—地力差减法新应用公式在内的作物土壤养分丰缺指标推荐施肥系统研究新方法，中国农业大学孙洪仁团队成功建立了中国苜蓿土壤养分丰缺指标推荐施肥系统。附录 12 为中国苜蓿土壤有效磷丰缺指标和适宜施磷量检索表。P_2O_5 与磷肥的转换系数列于附录 13。附录 14 为中国苜蓿土壤速效钾丰缺指标和适宜施钾量检索表。附录 15 为 K_2O 与钾肥的转换系数。附录 16 为中国作物土壤微量元素丰缺指标和适宜施肥量检索表。附录 17 为中国苜蓿土壤有机质丰缺指标和有机肥适宜施用量检索表。

与紫花苜蓿共生的根瘤菌固定大气氮素的能力十分强大，通常情况下可以完全满足紫花苜蓿生长发育对氮素的需求。但

图 4－45　中国苜蓿土壤养分丰缺指标推荐施肥系统

幼苗期需要土壤提供足量的氮素。中国苜蓿土壤氮素丰缺指标和播种期适宜施氮量列于附录18。

(八) 施肥时期和施肥次数

97. 什么时候施肥最重要?

施肥时期包括播种前、播种时和作物生长期。播种前所施肥料称作底肥（或基肥）。有机肥和迟效肥应该与耕作层土壤充分混合，必须在播种前作为底肥施入。磷肥在土壤中的移动性很差，除非采用水肥一体化，亦应尽量在播种前作为底肥施入土壤耕作层。对于苜蓿而言，氮肥通常是在播种前作为底肥少量施用。其他养分可以全部底施、部分底施或不底施。

播种时所施肥料称作种肥。种肥由于施用空间集中，局部养分浓度大，距离种子近，因而促进生长效果较为明显。种肥应以速效肥和缓效肥为主。

作物生长期施肥称作追肥。追肥应以速效肥和缓效肥为主。对于多年生、每年多次收获的苜蓿而言，理论上应于每茬生长最为迅速的分枝—现蕾期追施，但实践中考虑到碾压、收获等诸多因素，除采用地下滴灌施肥外，通常是在收获之后立即追施。越冬前和返青期追施的肥料分别称作越冬肥和返青肥。越冬肥于初霜之前3～4周施用最佳。返青肥宜于返青前后1周内施用。

图4-46　何时施肥最重要

98. 每年应该施肥多少次?

一般而言，施肥次数越少，肥料利用率越低；施肥次数越多，施肥成本越高。在生产实践中，需要找到肥料利用率和施肥成本两者之间的平衡点，合理确定施肥次数。对于苜蓿而言，氮肥通常一生只施 1 次即可，基施、作为种肥施入或者幼苗期追施皆可，除非特别贫瘠的土地。当采用水肥一体化方法施用时，磷肥和钾肥可以考虑每茬施 1 次。当采用常规方法施肥时，每年施用 1～3 次较为适宜。微量元素肥料每 1～5 年施用 1 次即可。

图 4－47　施肥次数

（九）施肥位置和施肥方法

99. 施肥位置有何要求?

一般情况下，底肥应均匀施入耕作层。若为提高肥料利用率以及延长氮肥供肥期时，化肥亦可进行深条施。

种肥最佳位置通常为种子的侧下位5～10cm。太近可能造成烧苗，太远不利于作物吸收养分。当肥料盐分指数不高、数量不多时，种肥亦可施在种子的正下位5～10cm。当肥料分层施用时，下层种肥可以施入更深位置。

追肥的理想位置为根系集中分布层。苜蓿根系分布于0～30cm和0～60cm土层的比例分别为60%和90%。当采用水肥一体化方法追肥时，灌溉水至少应浸润0～30cm土层，但不需深于60cm。当采用常规方法追肥时，可以穴施、开沟条施，亦可表面撒施。对于苜蓿而言，穴施和开沟条施深度以5～10cm为宜，与植株横向距离5～10cm为佳。表面撒施宜结合灌溉或降雨进行，灌水深度以30cm为宜，最深不宜超过60cm。

图4-48 施肥位置

100. 撒施、条施、穴施和水肥一体化有何区别?

固体肥料施用方法通常包括撒施、条施和穴施3种。撒施是利用撒施机将肥料均匀撒入田间的施肥方法。底肥常采用撒施，密植作物追肥亦常采用撒施。条施是利用条施机在田间开窄条沟并将肥料施入窄条沟内的施肥方法。种肥施用和追肥常采用条施。穴施是利用穴施机在田间开穴并将肥料施入穴内的施肥方法。穴播作物常采用穴施。对于苜蓿而言，广为应用的常规施肥方法为撒施，条施亦较常用，穴施较少采用。

水肥一体化施肥包括滴施、喷施和冲施三种方式。在灌溉设施上附加给肥装置，将肥料溶于水中，通过滴灌方式施入田间称为滴施，通过喷灌方式施入田间称为喷施，通过沟灌、畦灌和漫灌方式施入田间称为冲施。滴施（尤其是地下滴施）最为精准，肥料利用率最高，成本最高。喷施最为均匀，成本较高。冲施均匀度低，成本低廉。

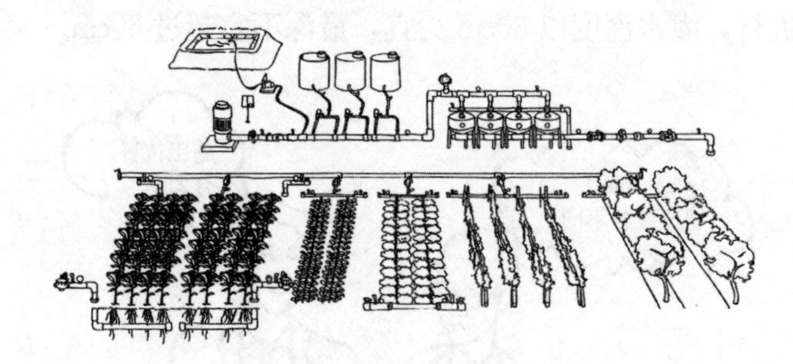

图 4－49　典型滴灌施肥系统

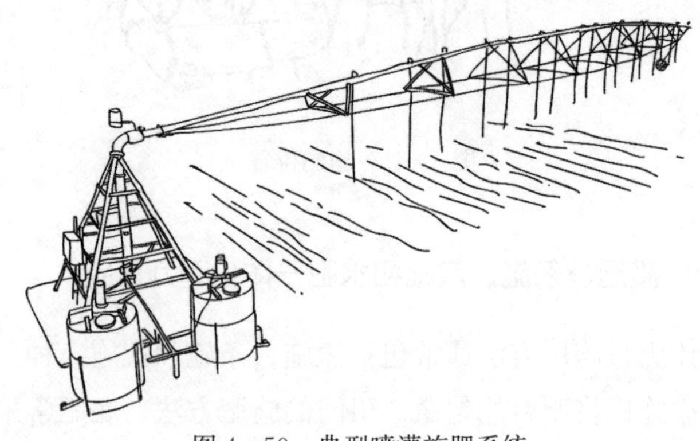

图 4－50　典型喷灌施肥系统

叶面施肥是利用喷雾机械将水溶性肥料喷施在作物茎叶表面的施肥方法。微量元素肥料常以叶面施肥的方式施用。有时大量元素亦采用该法追施。苜蓿种子生产可以采用此法追施。苜蓿饲草生产采用叶面施肥需要格外谨慎，原因是造成残留的风险较大。

五、灌　溉

（一）植物需水规律

101. 为什么要重视灌溉?

生命离不开水，没有水就没有生命。第一，水是细胞原生质的主要成分。第二，水是植物光合作用、生产有机物的重要原料。第三，水是植物体内代谢作用、物质运输及与外界进行物质交换的介质。第四，水能维持细胞膨压，使植物各器官保持一定形态。第五，水因比热、汽化热较大，具有调节植物体温的功能。第六，水缺乏则生命活动减弱，植株萎蔫直至枯死。

图 5-1　要重视灌溉

“水利是农业的命脉。”在一定范围内，有多少水，产多少草。要想获得高产，必须重视灌溉这一田间管理的重要环节。

102. 何谓生理需水和蒸腾系数？

植物为满足正常的生命活动需要而从环境中吸收的水分称为生理需水。植物鲜体含水率高达65%～95%，似乎已经很多，然而植物生长发育过程中所需要的水分远非其体内含有的这么一点，而是要高达百倍之多。

植物在不断地从环境中吸收水分的同时需要不断地释放水分归还给环境。植物释放水分的方式有两种：一种是以液体状态离开植物体，如吐水与伤流；另一种是以气体状态离开植物体，称为蒸腾作用。其中蒸腾作用是植物释放水分的主要方式，蒸腾散失水分占植物释放水分的绝大部分。

植物在从环境中吸收水分与释放水分归还给环境的同时，随着生长发育过程积累了一定数量的干物质。在一个相当长的时期里，增加干重与蒸腾散失水分具有一定的比例关系。植物蒸腾耗水量与植物积累的干重之比值称为蒸腾系数。

蒸腾系数因植物类型和种类及品种而异，C_4 植物显著低于 C_3 植物，同一类型不同种类及品种之间的差异亦较明显。蒸腾系数受气候、土壤及栽培管理措施的影响较大，因此每种植物的蒸腾系数通常都存在一个变动范围。作物蒸腾系数一般为200～600。

图5-2　蒸腾系数

103. 何谓生态耗水？

经由蒸发、径流、渗漏等途径消耗的水分称为生态耗水。出于洗盐、压碱的考虑，人为地淋洗土壤而消耗的水分亦属于生态耗水。生态耗水因气候特征、地形特点、土壤性质、植物种类、栽培措施等而异。显然，在光照强、温度高、雨量大、暴雨多、空气干燥、风速大、土地坡度大、土壤过沙或过黏、植被盖度低、植物固持水土能力差、频繁耕作、无覆盖栽培等情形下，生态耗水量大，反之则小。农田生态耗水一般为生理需水的0.3～1.5倍。

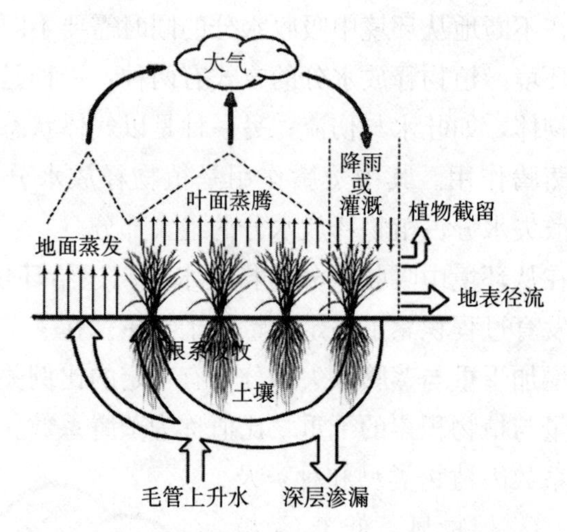

图5-3　水分在土壤、植物和大气连续体中的循环

104. 苜蓿需水量是多少？

蒸散量是植物蒸腾、土壤及植物表面蒸发所消耗的水分数量之和，亦称蒸腾蒸发量或腾发量，常用单位为mm。

耗水量是植物蒸腾、土壤及植物表面蒸发、构建植物体（有机质合成原料、细胞液和胞间液组分等）所消耗的水分数量之和，常用单位为mm。因与蒸散量差异很小，测定方法亦未严格区分，两者经常通用。

需水量是在健康无病、养分充足、土壤水分状况最佳、大面积栽培的条件下，植物经过正常生长发育、在给定的生长环境下获得高产情形下的耗水量，常用单位为 mm 等。显然，需水量是特定条件下的耗水量，属于耗水量的一个特例。

苜蓿需水量因自然区域而异，全世界大多为 500～2 000mm。我国东北平原为 600～900mm，北部较低，西南部较高。黄淮海平原为 800～1 000mm。内蒙古高原和黄土高原为 600～1 100mm，北部和山地较低，西部荒漠绿洲区较高。河西走廊为 700～1 300mm，大体由东向西逐渐增加。新疆为 600～1 300mm，北疆较低，南疆较高，越靠近沙漠中心越高。

图 5-4　苜蓿需水量

105. 苜蓿需水强度是多少？

蒸散强度是单位面积的植物群体在单位时间内的蒸散量，常用单位为 mm/d。蒸散强度因气候条件而异，不同气候条件下草坪的最大蒸散强度见附录 19。

耗水强度是单位面积的植物群体在单位时间内的耗水量，

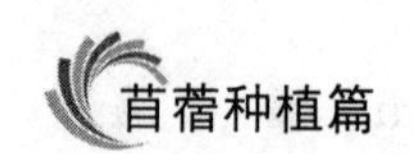

常用单位为 mm/d。耗水强度经常与蒸散强度通用。

需水强度是单位面积的植物群体在单位时间内的需水量，常用单位为 mm/d。需水强度是特定条件下的耗水量，属于耗水强度的一个特例。

苜蓿需水强度因不同气候区域和年份、茬次及生长发育阶段而异，全生长季平均需水强度约为 3～7mm/d，短期极端最高需水强度可达为 14mm/d。

图 5－5　苜蓿需水强度

106. 苜蓿水分利用效率和耗水系数是多少？

水分利用效率是单位面积土地上植物消耗单位水量所形成的生物产量（干物质）或经济产量，常用单位为 kg/(hm^2 · mm)。

生物产量有两种：一是全部生物产量，地上部和地下部全部计算在内；二是部分生物产量，通常为地上生物产量，不计地下部。在没有限定性说明的情况下，通常应用后者，即地上生物产量。经济产量是植物可收获的、具有经济价值并作为主要生产目标部分的产量。对于饲草而言，经济产量与生物产量（干物质）在数值上的差别决定于经济产量含水量。

紫花苜蓿经济产量（干草，含水率 14%）水分利用效率通常在 14～20kg/(hm^2 · mm)。

图 5－6　紫花苜蓿耗水系数

耗水系数是植物耗水量与生物产量（干物质）或经济产量之比值。紫花苜蓿经济产量（干草，含水率 14%）耗水系数通常在 500～700。

107. 何谓水分临界期?

水分临界期是指植物生命周期中对水分最敏感、最易受害的时期。水分临界期缺水对产量影响很大，而且难以弥补，因此应确保作物水分临界期的水分供应。以籽实体为收获对象的植物，水分临界期为生殖器官形成和发育时期。以营养体为收获对象的植物，水分临界期为营养生长最旺盛时期。

图 5－7　水分临界期

（二）自然供水规律

108. 大气降水和地下供水规律如何影响灌溉?

地球上的降水在空间和时间上的分布是不均匀的。只有摸清大气降水规律，才能实现科学灌溉与排水。

我国幅员辽阔，地形复杂，气候类型多样，各地的降水量差异很大，西北荒漠绿洲区年降水量大多不足200mm，而南方湿润地区年降水量高者可达2 000mm。降水量大的地区，降水量超过植物需水量，排水是管理重点。降水量小的地区，降水量低于植物需水量，不能满足植物需要，需要进行灌溉。我国苜蓿生产区域集中于降水不足的北方地区，要想获得高产，显然离不开灌溉。

同一地区，不同年份降水量存在波动。同一年份，不同季节、月份的降水量并不相同。同一月份，上、中、下旬的降水量亦不均匀。即便是降水量大的地区也可能出现干旱时段，亦需进行灌溉。作为我国苜蓿主产区的北方地区，降水大多集中于每年的6—9月；春季降水很少，春旱十分普遍；除东北等少数地区外，冬季降雪亦很少。因此，我国苜蓿大多迫切需要春灌和冬灌。

地下水位较高的区域，作物可以利用地下水。当地下水位在1～2m时，大多数作物的根系都能吸收利用地下水。苜蓿是深根作物，吸水深度更深。摸清地下供水规律，是科学设计

图5-8　掌握自然供水规律很重要

灌溉与排水方案的前提基础。

（三）土壤贮水与供水能力

109. 什么是田间持水量？

土壤固相骨架之间的孔隙具有容纳水分和空气的能力。土壤孔隙通常占土壤体积的50%左右。但并非所有土壤孔隙都具有长时间保持水分的能力。细小的毛管孔隙可长期持水，而进入大孔隙中的水分只能短暂停留，很快便将渗漏到根层土壤以下损失掉。土壤全部毛管孔隙充满水分，而大孔隙全部由空气占据时的土壤含水量称为田间持水量。田间持水量即为土壤的持水能力。超出土壤持水能力的灌水或降水则将经由地下渗漏或地表径流损失掉。田间持水量与土壤质地关系密切，黏土的持水量显著高于砂土，通常可达砂土的2～4倍。以容积计算的田间持水量一般在10%～50%。不同类型土壤的孔隙率和以容积计算的田间持水量见附录20。

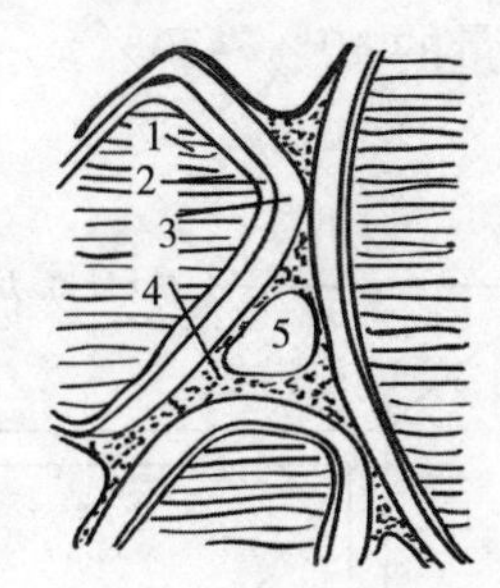

图5-9　土壤水分类型

110. 何谓土壤有效水？

并非所有土壤水分对植物都是有效的。土壤吸湿水被土壤颗粒紧密吸附，具有固态水的性质，无溶解能力，不能被植物所利用，是无效水。膜状水位于土壤颗粒表面，亦处于被吸附状态，一般情况下是无效的，在干旱条件下可部分被植物利用，但较为困难，亦属于无效水。毛管水可被植物吸收利用，为有效水。重力水尽管可以被植物利用，但因很快便渗漏出根层，因此不计入有效水。通常以田间持水量作为有效水的上限，而将当植物因根系无法吸水而发生永久萎蔫时的含水量即萎蔫系数作为有效水的下限。土壤有效水最大含量则为田间持水量与萎蔫系数之差。以容积含水量计，通常在10%～20%，占田间持水量的40%～70%。

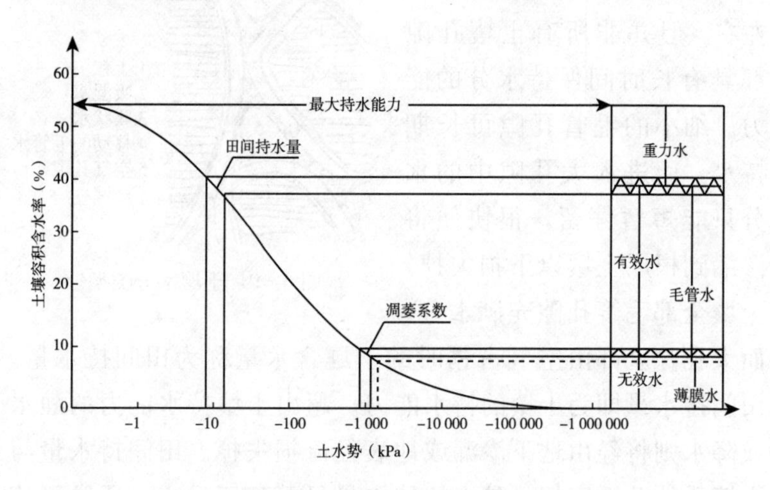

图5-10 土水势与土壤容积含水率及土壤水分常数的关系

111. 什么是入渗速率？

单位时间内水分渗入土壤中的数量称为入渗速率，其单位通常为mm/h。土壤入渗速率与土壤质地密切相关，砂土由于大孔隙多，入渗速率很高；黏土的大孔隙少，入渗速率很低；壤土介于砂土与黏土之间。灌溉强度决定于入渗速率。喷灌时，灌溉强度超过入渗速率，则将导致地表径流出现。漫灌或畦灌时，灌溉强度过低，将导致入水端严重渗漏。不同类型土壤的稳定入渗速率列于附录 21。

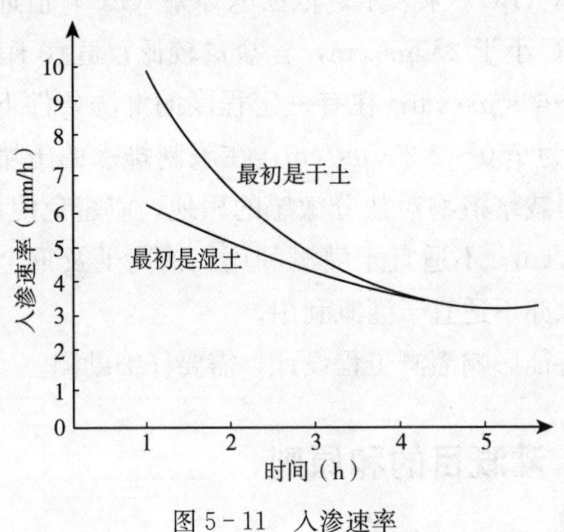

图 5-11　入渗速率

(四) 水源、水质和地貌特点

112. 水源、水质和地貌影响灌溉吗?

水源的类型（如河水、湖水、井水、中水等）、位置远近、数量多少、质量好坏、丰枯时期等，都是影响灌溉设计的重要因素，需要调查清楚。

图 5-12　地貌影响灌溉

并非所有的水都适宜于灌溉使用。盐分或毒害物质含量高的水对植物的生长发育具有不良影响，灌溉时须谨慎应用。含盐量一般以电导率（EC）来表示。依据电导率（EC）值通常将水分为四级：EC 小于 250μs/cm，含盐量较低，适宜于灌溉利用；EC 为 250～750μs/cm，在有一定程度的淋洗条件下可以用于灌溉；EC 为 750～2 250μs/cm，在限制排水的土壤，或虽然排水良好但栽培植物对盐分敏感的田地，应避免使用；EC 大于 2 250μs/cm，不适宜于灌溉利用。钠离子及重金属离子含量过高的水亦不适宜于灌溉利用。

地貌特征影响灌溉工程设计，需要仔细勘测。

（五）灌溉目的和原则

113. 灌溉有什么原则?

饲用草地、绿肥草地追求高产，因此应依据植物需水规律和自然供水规律，尽量适时、适量灌溉，以满足植物的水分需求，获得较高的产量。而果园草地、水土保持草地可在满足生物量要求的前提下减少灌溉，以节水、省工。种子生产和营养

图 5－13　灌溉原则

体生产对水分的要求亦存在差异。种子生产需要注意满足水分临界期的水分需求。

（六）需水量研究方法

114. 田间测定法有什么优点和缺点?

确定作物需水量和需水强度的常用方法有三种，分别为田间测定法、蒸渗仪法、彭曼—蒙特斯公式法。田间测定法计算作物需水量的土壤水分平衡方程如下：

$$WR = P + I + U - D - R - \Delta W$$

式中 WR 为需水量，P 为降水量，I 为灌溉量，U 为毛管水上行量，D 为深层渗漏量，R 为地表径流量，ΔW 为末期与始期土壤根系层贮水量之差。方程中各变量之常用单位皆为 mm。

田间测定法的优点是在真实田间环境下测定，代表性好，且不需建造设施。缺点是毛管水上行量、深层渗漏量、地表径流量等变量较难精确测定，结果准确性稍差。

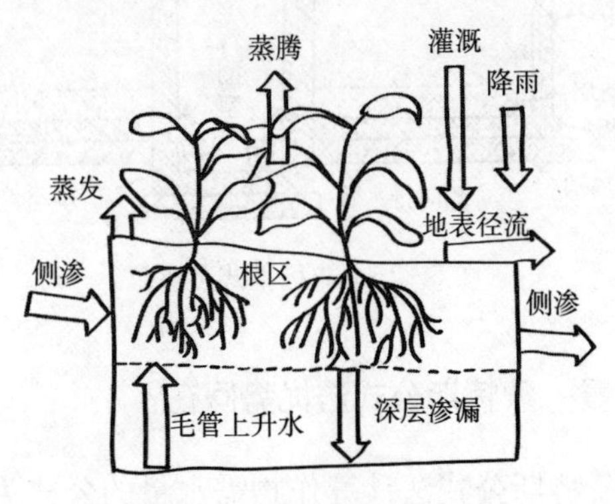

图 5-14　土壤水分平衡

115. 何谓蒸渗仪法?

蒸渗仪法包括小型称重式蒸渗仪法、大型称重式蒸渗仪法和非称重式蒸渗仪法三种。小型称重式蒸渗仪法亦称筒测法或缸测法，优点是设备简单，成本低廉，易于实施；缺点是筒内水热调节困难，植株代表性较差，结果误差较大。大型称重式蒸渗仪优点是植株代表性较好，结果准确；缺点是设施价格昂贵，建造难度较大。非称重式蒸渗仪法植株代表性好，结果较为准确，设施价格适中，建造难度不大，因而应用较为广泛。该法计算作物需水量的土壤水分平衡方程如下：

$$WR = P + I - D - \Delta W$$

式中 WR 为需水量，P 为降水量，I 为灌溉量，D 为深层渗漏量，ΔW 为末期与始期蒸渗仪内土壤贮水量之差。方程中各变量之常用单位皆为 mm。

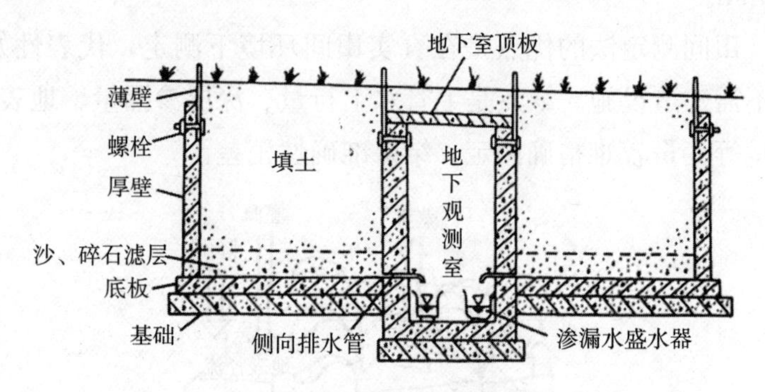

图 5-15　非称重式蒸渗仪

116. 彭曼—蒙特斯公式法优势何在?

彭曼—蒙特斯公式法计算作物需水量的公式为：

$$WR = (\sum ET_0) \times Kc$$

式中 WR 代表需水量（mm），ET_0 为参照作物需水强度（mm/d），Kc 为作物系数。对于苜蓿而言，生长期和非生长期的 Kc 值分别约为 0.9 和 0.4。

参照作物蒸散强度 ET_0 计算公式即彭曼—蒙特斯公式为：

$$ET_0 = \frac{0.408\Delta(R_n - G) + \gamma \frac{900}{T + 273} u_2 (e_s - e_a)}{\Delta + \gamma(1 + 0.34u_2)}$$

式中 ET_0 为参照作物需水强度（mm/d），R_n 为作物表面净辐射（$MJ \cdot m^{-2}/d$），G 为土壤热通量密度（$MJ \cdot m^{-2}/d$），T 为 2m 高处平均气温（℃），u_2 为 2m 高处风速（m/s），e_s 为饱和水汽压（kPa），e_a 为实际水汽压（kPa），Δ 为饱和水汽压曲线斜率（kPa/℃），γ 为干湿表常数（kPa/℃）。

彭曼—蒙特斯公式法只需利用气温、风速、相对湿度、太阳辐射或日照时数等气象数据，辅以海拔、气压、经度和纬度等基本地理信息，即可计算参照作物需水强度（ET_0），再借助作物系数（Kc）就可以获得作物需水量，应用十分广泛。

图 5-16　彭曼—蒙特斯公式

（七）灌溉定额和灌水定额

117. 苜蓿灌溉需水量是多少？

灌溉需水量的计算公式如下：

$$IR = WR - P - U + D + R$$

式中 IR 为灌溉需水量，WR 为需水量，P 为降水量，U 为毛管水上行量，D 为深层渗漏量，R 为地表径流量。公式中各变量之常用单位皆为 mm。

苜蓿灌溉需水量因栽培区域而异，全世界为 0～2 000mm。我国东北为 0～550mm，大体由东向西逐渐增加，西南部最高。黄淮海平原为 0～400mm。内蒙古高原和黄土高原为 200～1 000mm，北部和山地较低，西部荒漠绿洲区较高。河西走廊为 400～1 200mm，大致由东向西逐渐增加。新疆为 200～1 300mm，北疆较低，南疆较高，越靠近沙漠中心越高。

图 5－17　苜蓿灌溉需水量

118. 如何确定灌溉定额？

灌溉定额是依据灌溉需水量、灌溉水利用率和灌溉水资源量确定的作物全生育期（或全生长季、全年）的灌溉总量，常用单位为 mm 或 m^3。

灌溉水资源不足时，灌溉定额等于灌溉水资源量。灌溉水资源充足时，采用下式计算灌溉定额：

$$Q = IR \div \eta$$

式中 Q 为灌溉定额（mm 或 m^3），IR 为灌溉需水量（mm 或 m^3），η 为灌溉水利用率。

图 5-18　确定灌溉定额

灌溉水利用率亦称灌溉水利用系数，是指灌入计划灌溉土层、可被作物利用的水量占水源地灌溉取水总量的百分比，常用 η 表示。

119. 如何确定灌水定额？

灌水定额是依据灌水深度、土壤持水能力、灌溉上限、灌溉下限、灌溉水利用率、灌溉水资源数量、灌溉水资源供给时期确定的单次灌溉量。常用单位为 mm 或 m^3。当灌溉水资源数量和灌溉水资源供给时期没有限制时，灌水定额计算公式如下：

$$M = ID \times FC_v \times (RW_u - RW_l) \div \eta$$

式中 M 为灌水定额（mm），ID 为灌水深度（mm），FC_v 为容积田间持水量，RW_u 为相对含水量上限，RW_l 为相对含水量下限，η 为灌溉水利用率。

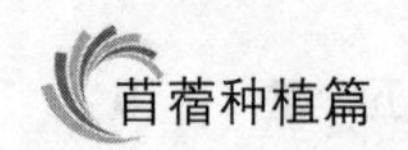

灌水定额亦称毛灌水定额，与之相对应的概念为净灌水定额。净灌水定额是指单次灌溉中灌入计划灌溉土层、可被作物利用的灌水量。净灌水定额计算公式如下：

$$M_n = M \times \eta$$

式中 M_n 为净灌水定额（mm），M 为毛灌水定额（mm），η 为灌溉水利用率。

图 5-19　确定灌水定额

120. 苜蓿适宜净灌水定额是多少？

一般情况下，苜蓿适宜净灌水定额为 30～60mm。冬灌适宜净灌水定额可以高达 100mm 左右。播种期和苗期适宜净灌水定额可以低至 10mm 以下，先小后大，逐渐加大。若采用地下滴灌或渗灌，理论上适宜净灌水定额可以低至 5mm 左右。当灌溉水资源数量存在限制时，净灌水定额通常会有所降低。

图 5-20　苜蓿净灌水定额

当灌溉水资源供给时期存在限制时，净灌水定额通常会大幅提高。

(八) 灌水深度和灌水强度

121. 如何确定灌水深度?

根系集中分布层厚度是确定灌水深度的基本依据，灌溉水资源数量、灌溉水资源供给时期、灌溉方法和预计降水等亦会影响灌水深度的确定。苜蓿根系集中分布层厚度约为 300～600mm，通常情况下，适宜灌水深度为 300～600mm。播种期和苗期灌水深度可以浅至 100mm 以下，先浅后深，逐渐加深。冬灌适宜灌水深度可以深达 1 000mm 左右。当灌溉水资源数量存在限制时，灌水深度通常会有所降低。当灌溉水资源供给时期存在限制时，灌水深度通常会大幅提高。

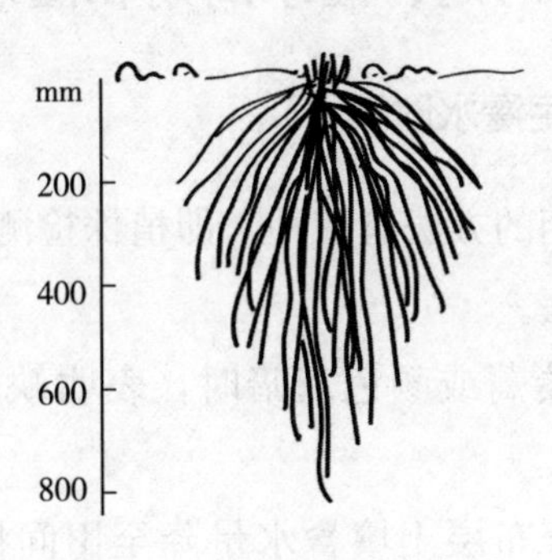

图 5-21　根系集中分布层

122. 何谓灌水强度?

灌水强度是指单位时间、单位面积上的灌水量，单位一般为 mm/h 或 $m^3/(hm^2 \cdot h)$。不形成地表径流和积水的允许灌

水强度取决于土壤入渗速率，不形成地表径流和积水的允许灌水强度见附录 22。超过允许灌水强度则将出现地表径流或积水。积水时间过长，如超过 12 小时，就可能对苜蓿造成伤害。

图 5-22　灌水强度

（九）灌水时期、灌水周期和灌水次数

123. 如何确定灌水时期？

确定灌水时期的方法有三种，即植株检测法、土壤检测法和水分亏缺测算法。

当植株出现萎蔫或颜色灰暗时，表明缺水严重，应及时灌水。

当根系集中分布层土壤含水量降至田间持水量的 65%左右或土壤有效水存留比例降至 35%左右时，应及时灌水。

当土壤水分亏缺量接近上次灌水定额时，应该及时灌水。土壤水分亏缺量计算公式如下：

$$WD = ET - P - U + D + R$$

式中 WD 为水分亏缺量，ET 为蒸散量，P 为降水量，U

为毛管水上行量，D 为深层渗漏量，R 为地表径流量。公式中各变量之常用单位皆为 mm。

当地下水位较深时，毛管上行水量和深层渗漏量可以忽略不计；在土地较为平坦、暴雨较少时，地表径流量亦可忽略不计。

为了实现苗早、苗齐、苗壮，需要重视播种期和苗期灌溉。冬季寒冷干燥地区，入冬前宜灌越冬水，以利于苜蓿越冬。春季干旱少雨地区，早春宜于返青前浇返青水，以利于苜蓿返青。西北荒漠绿洲区，每茬收获后皆应灌溉，以利于苜蓿再生。干旱地区无雨时节施用固体肥料后宜进行灌溉，以利于发挥肥效。

图 5－23　确定灌水时期

124. 苜蓿适宜灌水周期是多长时间？

两次灌水之间的时间间隔称为灌水周期。确定灌水周期的基本依据是净灌水定额和需水强度。灌水周期计算公式如下：

$$T = M_n \div WRR$$

式中 T 为灌水周期（d），M_n 为净灌水定额（mm），WRR 为需水强度（mm/d）。

对于苜蓿而言，适宜灌水周期通常为7～12d。播种期和苗期适宜灌水周期为1～5d，先短后长，逐渐加长。若采用地下滴灌，理论上适宜灌水周期可以低至1d。

图5-24　苜蓿适宜灌水周期

125. 如何确定灌水次数?

确定灌水次数的基本依据是灌溉定额和灌水定额。灌水次数计算公式如下：

图5-25　确定灌水次数

$$IF = Q \div M$$

式中 IF 为灌水次数（次/年），Q 为灌溉定额（mm/年），M 为灌水定额（mm/次）。

适宜灌水次数因自然区域和灌溉方式而异。科尔沁沙地和毛乌素沙地苜蓿适宜喷灌次数为 20～30 次/年。

（十）灌溉方法

126. 喷灌有哪些优点和缺点?

空中灌溉是指灌溉水经由空中灌入土壤的灌溉方式。空中灌溉的常见方式为喷灌。喷灌是利用专门设备将灌溉水喷射到空中，并雾化成细小水滴，再由空中落到植物和土壤表面并渗入土壤的灌溉方式。

喷灌系统主要由喷头、管道、过滤器、控制设备、水泵、动力和水源等几部分构成。根据喷灌系统的移动性，可将之分为固定式、半固定式和移动式三类。固定式喷灌系统的干管和支管均埋在地下或架在空中，支管上每隔一定距离布置竖管，竖管上安装喷头，除喷头外其余各部分都固定不动。半固定式喷灌系统的干管固定，多埋在地下，支管、竖管和喷头可以移

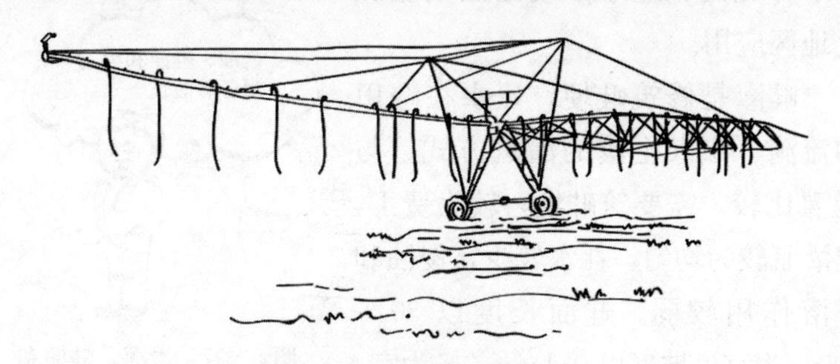

图 5－26　大型龙门自走式喷灌机

动，与干管的预留给水栓连接。移动式喷灌系统除水源外皆可移动，为便于转移，通常将动力机、水泵、管道及喷头组合成大型自走系统，或安装在同一辆拖拉机、自行小车上。常见的移动喷灌系统有大型龙门自走式喷灌机、卷盘式喷灌机、机引或机载喷灌机、小型手推喷灌机等。

与地面漫灌、畦灌、沟灌相比，喷灌的优点是灌水均匀，节水、节地、省工、省力，受地形限制小，侵蚀作用弱，利于调节田间小气候，可降低植物叶温等。缺点主要有三点。一是受气候影响明显。风速稍大时灌溉均匀度即受影响，而且蒸发损失加大，光照强烈、高温和空气干燥亦会加大蒸发损失。二是投资多。三是对管理人员素质要求较高。

127. 漫灌、畦灌和沟灌各有哪些优点和缺点？

地面灌溉是指灌溉水自地面灌入土壤的灌溉方式。根据水流方式，可将地面灌溉分为漫灌、畦灌、沟灌和滴灌四种。

漫灌是不开水沟，不筑田埂，亦不铺管道，而让水在田间自由流淌、渗入土壤的灌溉方式。优点是工程简单，投资小。缺点是灌溉均匀度差，耗水多，侵蚀和淋溶作用强烈。较适宜于水分充足、地形平缓及土壤盐碱化地区应用。

图 5－27　漫灌、畦灌和沟灌各有短长

畦灌是修筑畦埂，让水在畦田内流淌、渗入土壤的灌溉方式。与漫灌比较，需要筑畦埂，较为费工，但灌溉较为均匀，耗水较少，侵蚀和淋溶作用较弱。畦面长度以 30～100m 为宜，坡度以 0.1%～2%为宜。

沟灌是开灌水沟，让水在灌水

沟内流淌及渗入土壤的灌溉方式。沟灌一方面通过重力作用由沟底浸润土壤，另一方面借助毛管作用由沟的两侧湿润土壤。沟长以 30～100m 为宜，沟间距以 1～2m 为宜，坡度以 0.3%～0.8%为宜。

128. 地面滴灌和地下灌溉各有哪些优点和缺点?

地面滴灌是铺设管带于地表或地上，让水在管带内流淌，通过管带的微孔滴入土壤的灌溉方式。地面滴灌较为适宜于穴播和条播情形下的灌溉，每行或者行距较窄的两行之间铺设 1 条管道。地面滴灌的优点是节水、节地、省工、省力，保土、保肥。缺点主要有两点，一是投资多，二是可能会对田间作业造成一定程度的妨碍。

图 5－28　地面滴灌

地下灌溉是指灌溉水经由地下管带灌入土壤的灌溉方式。通常管带埋深在 5～40cm，间距在 40～80cm。灌溉水通过管带之孔隙滴入或渗入土壤，再借助毛管和重力作用湿润整个根层。地下灌溉是目前最节水的灌溉方式。地下灌溉的优点很多：节水、节地、省工、省力；保土、保肥；土壤结构好，不形成板结层；地表干燥，利于田间作业。缺点主要有两点，一是投资多，二是可能会促进一些区域的次生盐渍化进程。

（十一）科尔沁沙地苜蓿需水规律与灌溉制度

129. 科尔沁沙地苜蓿需水规律与灌溉制度包括哪些内容?

科尔沁沙地典型代表——内蒙古赤峰阿鲁科尔沁旗多年平均参照作物蒸散强度旬际动态如图 5－29 所示，多年平均逐旬、逐月参照作物蒸散量见附录23，多年平均不同生产阶段参照作物蒸散量、需水强度、需水量、降水量、有效降水量、灌溉需水量、灌溉定额和灌水定额见附录24。

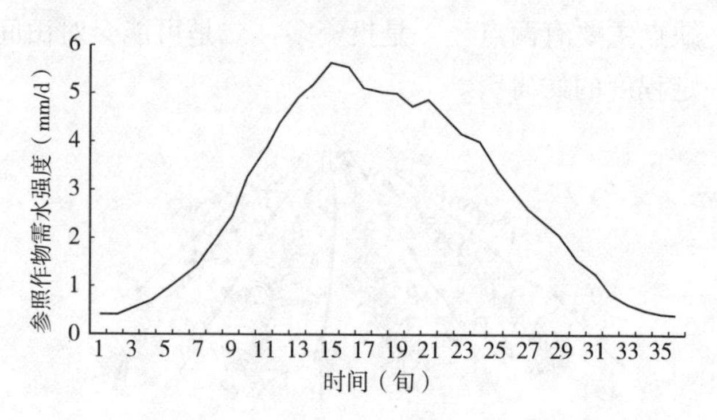

图 5－29　阿鲁科尔沁旗参照作物蒸散强度旬际动态

（十二）毛乌素沙地苜蓿需水规律与灌溉制度

130. 毛乌素沙地苜蓿需水规律与灌溉制度包括哪些内容?

毛乌素沙地典型代表——陕西榆林多年平均参照作物蒸散强度旬际动态如图 5－30 所示，多年平均逐旬、逐月参照作物蒸散量见附录 25，多年平均不同生产阶段参照作物蒸散量、需水强度、需水量、降水量、有效降水量、灌溉需水量、灌溉定额和灌水定额见附录 26。

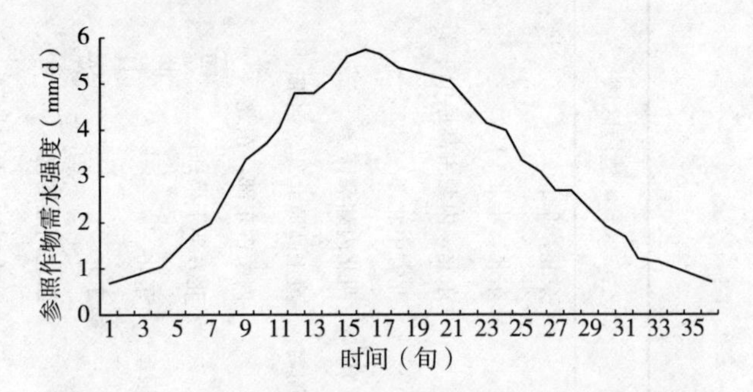

图 5－30　陕西榆林参照作物蒸散强度旬际变化动态

附　　录

附录 1　国家审定登记苜蓿品种简介

名称	首席育种家	第一育种单位	年份	类别	特点	适应区域
公农 1 号	吴青年	吉林省农业科学院畜牧分院草地研究所	1987	育成	抗寒，抗旱	东北，华北
公农 2 号	吴青年	吉林省农业科学院畜牧分院草地研究所	1987	育成	抗寒，抗旱	东北，华北
草原 1 号	吴永敷	内蒙古农牧学院草原系	1987	育成	抗寒，抗旱	东北，内蒙古高原中东部
草原 2 号	吴永敷	内蒙古农牧学院草原系	1987	育成	抗寒，抗旱	北方中北部
新牧 1 号	闵继淳	新疆农业大学	1988	育成	抗寒，灌溉丰产，早熟	西北内陆灌区
甘农 1 号	曹致中	甘肃农业大学	1991	育成	抗寒，抗旱，半匍匐	黄土高原北部、西部
图牧 2 号	程渡	内蒙古图牧吉草地研究所	1991	育成	抗寒，抗旱	内蒙古东部，东北
图牧 1 号	程渡	内蒙古图牧吉草地研究所	1992	育成	抗寒，抗旱	北方半干旱地区
龙牧 801	王殿魁	黑龙江省畜牧研究所	1993	育成	抗寒，抗旱，侧根型	东北
龙牧 803	王殿魁	黑龙江省畜牧研究所	1993	育成	抗寒	东北
新牧 2 号	闵继淳	新疆农业大学	1993	育成	抗寒，灌溉丰产	西北内陆灌区
甘农 2 号	贾笃敬	甘肃农业大学	1996	育成	抗寒，根蘖型	黄土高原，西北地区
甘农 3 号	曹致中	甘肃农业大学	1996	育成	灌溉丰产	西北内陆灌区，黄土高原

（续）

名称	首席育种家	第一育种单位	年份	类别	特点	适应区域
中苜1号	耿华珠	中国农业科学院畜牧研究所	1997	育成	耐盐碱	黄淮海平原，黄土高原
中兰1号	马振宇	中国农业科学院兰州畜牧与兽药研究所	1998	育成	灌溉丰产，抗霜霉病	西北内陆灌区
新牧3号	闵继淳	新疆农业大学	1998	育成	抗寒，灌溉丰产，早熟	西北内陆灌区
公农3号	吴义顺	吉林省农业科学院畜牧分院草地研究所	1999	育成	抗寒，抗旱，根蘖型	北方
草原3号	云锦凤	内蒙古农业大学	2002	育成	抗寒，抗旱，晚熟	北方寒冷干旱、半干旱地区
龙牧806	李红	黑龙江省畜牧研究所	2002	育成	抗寒，高蛋白	北方
中苜2号	杨青川	中国农业科学院北京畜牧兽医研究所	2003	育成	侧根型，耐淹	黄淮海平原
甘农4号	曹致中	甘肃农业大学	2005	育成	返青早，生长迅速	西北内陆灌区，黄土高原
中苜3号	杨青川	中国农业科学院北京畜牧兽医研究所	2006	育成	耐盐碱	黄淮海平原
赤草1号	王润泉	赤峰润绿生态草业技术开发研究所	2006	育成	抗寒，抗旱，晚熟	北方干旱半干旱地区
渝苜1号	玉永雄	西南大学	2008	育成	耐酸，耐湿热	西南地区
新牧4号	张博	新疆农业大学	2009	育成	抗寒，抗霜霉、褐斑病	西北内陆灌区
中草3号	于林清	中国农业科学院草原研究所	2009	育成	抗寒，抗旱	北方干旱寒冷地区
公农5号	徐安凯	吉林省农业科学院畜牧分院草地研究所	2009	育成	抗寒，抗旱	北方温带地区
龙牧808	李红	黑龙江省畜牧研究所	2009	育成	抗寒，丰产	北方
东苜1号	李志坚	东北师范大学	2009	育成	抗寒，抗旱	东北干旱寒冷地区

（续）

名称	首席育种家	第一育种单位	年份	类别	特点	适应区域
中苜6号	李聪	中国农业科学院北京畜牧兽医研究所	2009	育成	丰产	华北中部
甘农5号	贺春贵	甘肃农业大学	2009	育成	抗蚜虫、蓟马	北纬33°～36°西北地区
甘农6号	曹致中	甘肃农业大学	2009	育成	牧草和种子双高产	西北内陆灌区，黄土高原
中苜4号	杨青川	中国农业科学院北京畜牧兽医研究所	2011	育成	丰产	黄淮海平原
公农4号	夏彤	吉林省农业科学院畜牧分院草地研究所	2011	育成	抗寒，抗旱，根蘖型	北方
甘农7号	曹致中	甘肃创绿草业科技有限公司	2013	育成	低纤维，高蛋白	黄土高原
中苜5号	杨青川	中国农业科学院北京畜牧兽医研究所	2014	育成	耐盐碱，丰产	黄淮海平原
草原4号	特木尔布和	内蒙古农业大学	2015	育成	抗寒，抗旱，抗蓟马	北方中南部
凉苜1号	柳茜	凉山彝族自治州畜牧兽医研究所	2016	育成	耐湿热	云贵高原
中兰2号	李锦华	中国农业科学院兰州畜牧与兽药研究所	2017	育成	旱作丰产型	黄土高原
甘农9号	胡桂馨	甘肃农业大学	2017	育成	抗蓟马，返青早	黄土高原，西北中南部
中苜8号	李聪	中国农业科学院北京畜牧兽医研究所	2017	育成	丰产	黄淮海平原
沃苜1号	刘自学	克劳沃（北京）生态科技有限公司	2017	育成	FD4，多叶	北方之中南部
东苜2号	李志坚	东北师范大学	2017	育成	抗寒，抗旱	东北
东农1号	崔国文	东北农业大学	2017	育成	抗寒，大叶	东北
中苜7号	杨青川	中国农业科学院北京畜牧兽医研究所	2018	育成	耐盐碱，丰产	黄淮海平原及类似气候区域

（续）

名称	首席育种家	第一育种单位	年份	类别	特点	适应区域
中天1号	常根柱	中国农业科学院兰州畜牧与兽药研究所	2018	育成	丰产	西北内陆灌区，黄土高原以及华北地区
北林201	卢欣石	北京林业大学	2018	育成	抗寒，抗旱，丰产	内蒙古东部及东北类似气候地区
晋南	陆廷璧	山西省畜牧兽医研究所	1987	地方	喜暖湿	黄土高原东南部
北疆	闵继淳	新疆农业大学	1987	地方	抗寒，抗旱，早熟	北疆
新疆大叶	闵继淳	新疆农业大学	1987	地方	大叶，早熟	南疆
肇东	王殿魁	黑龙江省畜牧研究所	1989	地方	抗寒	东北
沧州	孟庆臣	河北省张家口市草原畜牧研究所	1990	地方	耐盐碱	黄淮海平原东北部
敖汉	吴永敷	内蒙古农牧学院	1990	地方	抗寒，抗旱	北方干旱半干旱地区
陕北	杨惠文	西北农业大学	1990	地方	抗旱	黄土高原北部，毛乌素沙地
关中	杨惠文	西北农业大学	1990	地方	喜暖湿	渭河流域
淮阴	梁祖铎	南京农业大学	1990	地方	耐湿热，耐酸，耐盐碱	黄淮海平原，长江中下游地区
河西	曹致中	甘肃农业大学	1991	地方	抗旱，耐盐碱，晚熟	黄土高原，西北内陆灌区
天水	王无怠	甘肃省畜牧厅	1991	地方	喜暖湿	黄土高原
陇中	申有忠	甘肃省饲草饲料技术推广总站	1991	地方	抗旱	黄土高原
陇东	李琪	甘肃草原生态研究所	1991	地方	抗旱	黄土高原

（续）

名称	首席育种家	第一育种单位	年份	类别	特点	适应区域
内蒙古准格尔	吴永敷	内蒙古农牧学院	1991	地方	抗旱	内蒙古中西部，陕甘宁北部
蔚县	孟庆臣	河北省张家口市草原畜牧研究所	1991	地方	抗寒，抗旱，早熟	华北北部
无棣	耿华珠	中国农业科学院畜牧研究所	1993	地方	耐盐碱	黄淮海平原东北部
偏关	陆廷璧	山西省农业科学院畜牧研究所	1993	地方	抗寒，抗旱，晚熟	黄土高原北部
保定	张文淑	中国农业科学院北京畜牧兽医研究所	2002	地方	耐盐碱	黄淮海平原西北部
楚雄	薛世明	云南省肉牛和牧草研究中心	2007	地方	南苜蓿，一年生	云贵高原，南方
淮扬	魏臻武	扬州大学	2013	地方	南苜蓿，一年生	长江中下游地区
辉腾原	朝克图	呼伦贝尔市草原科学研究所	2018	地方	抗寒，抗旱	内蒙古中东部，黑龙江，吉林
阿勒泰	李梦林	新疆维吾尔自治区畜牧厅	1993	野生栽培	抗寒，抗旱，耐盐碱	北方干旱半干旱地区
陇东	曹致中	甘肃农业大学	2002	野生栽培	天蓝苜蓿，一年生，早熟	黄土高原
呼伦贝尔	刘英俊	内蒙古呼伦贝尔市草原研究所、	2004	野生栽培	黄花苜蓿，抗寒，抗旱	北方高寒及干旱地区
清水	师尚礼	甘肃农业大学	2009	野生栽培	抗寒，半匍匐，根蘖型	甘肃省半湿润、半干旱区

（续）

名称	首席育种家	第一育种单位	年份	类别	特点	适应区域
德钦	毕玉芬	云南农业大学	2009	野生栽培	喜暖湿	云贵高原
润布勒	白静仁	中国农业科学院草原研究所	1988	引进	抗寒，抗旱，根蘖型	北方高寒地区
三得利	陈谷	百绿（天津）国际草业有限公司	2002	引进	FD5－6，抗倒伏，早熟	暖温带
德宝	陈谷	百绿（天津）国际草业有限公司	2003	引进	FD4－5，喜暖湿	暖温带
赛特	陈谷	百绿（天津）国际草业有限公司	2003	引进	FD4.2，持久性强	暖温带
金皇后	刘自学	北京克劳沃草业技术开发中心	2003	引进	FD2－3，抗寒，晚熟	北方灌区
维克多	周禾	中国农业大学	2003	引进	喜暖湿	黄淮海平原
WL232 HQ	浦心春	北京中种草业有限公司	2004	引进	FD2.2，抗寒，晚熟	北方
WL323 ML	浦心春	北京中种草业有限公司	2004	引进	FD4.1，喜暖湿	北方中南部
皇冠	刘自学	北京克劳沃草业技术开发中心	2004	引进	FD4.1，喜暖湿，晚熟	北方中南部
牧歌 401＋Z	刘自学	北京克劳沃草业技术开发中心	2004	引进	FD4，耐牧，晚熟	暖温带
维多利亚	刘自学	北京克劳沃草业技术开发中心	2004	引进	FD6，耐湿热，晚熟	黄淮平原，长江中下游地区

（续）

名称	首席育种家	第一育种单位	年份	类别	特点	适应区域
阿尔冈金	刘自学	北京克劳沃草业技术开发中心	2005	引进	FD2-3，抗寒，抗倒伏	北方
游客	欧阳延生	江西省畜牧技术推广站	2006	引进	FD7，耐旱，耐热	西南山地旱作区
驯鹿	刘自学	北京克劳沃草业技术开发中心	2007	引进	FD1，抗寒	北方
秋柳	周道玮	东北师范大学草地科学研究所	2007	引进	黄花苜蓿，抗寒，抗旱	北方寒冷半干旱地区
WL525 HQ	吴晓祥	云南省草山饲料工作站	2008	引进	FD8，耐湿热	云南温带和亚热带地区
威斯顿	范龙	北京克劳沃种业科技有限公司	2009	引进	FD8，耐湿热	云贵高原，南方山地
WL343 HQ	邵进翚	北京正道生态科技有限公司	2015	引进	FD3.9，喜暖湿	黄淮海平原
玛格纳601	苏爱莲	克劳沃（北京）生态科技有限公司	2017	引进	FD6，耐湿热	云贵高原，长江流域
WL168 HQ	邵进翚	北京正道生态科技有限公司	2017	引进	FD2，抗寒，根蘖型	华北，东北之中南部
阿迪娜	钱莉莉	北京佰青源畜牧科技发展有限公司	2017	引进	FD4-5，喜暖湿	暖温带
康赛	钱莉莉	北京佰青源畜牧科技发展有限公司	2017	引进	FD3，抗寒	华北，西北
赛迪7号	孟林	北京草业与环境研究发展中心	2017	引进	FD10，喜暖湿	黄淮海平原，西南地区

（续）

名称	首席育种家	第一育种单位	年份	类别	特点	适应区域
玛格纳551	侯湃	克劳沃（北京）生态科技有限公司	2018	引进	喜暖湿	北方暖温带地区
赛迪5号	孙娟	青岛农业大学	2018	引进	喜暖湿	北方暖温带地区
玛格纳995	孙建明	克劳沃（北京）生态科技有限公司	2018	引进	耐湿热	西南地区及南方丘陵地区
赛迪10	高承芳	福建省农业科学院畜牧兽医研究所	2018	引进	耐湿热	西南地区及南方丘陵地区
DG4210	邵进翚	北京正道生态科技有限公司	2018	引进	抗寒	东北、华北和西北地区

附录 2　中国土壤质地分类

单位：%

质地组	质地名称	颗粒组成		
		砂粒（粒径为0.05～1mm）	粗粉粒（粒径为0.01～0.05mm）	细黏粒（粒径小于0.001mm）
砂土	极重砂土	＞80		＜30
	重砂土	70～80		＜30
	中砂土	60～70		＜30
	轻砂土	50～60		＜30
壤土	砂粉土	≥20	≥40	＜30
	粉土	＜20	≥40	＜30
	砂壤	≥20	＜40	＜30
	壤土	＜20	＜40	＜30
黏土	轻黏土			30～35
	中黏土			35～40
	重黏土			40～60
	极重黏土			＞60

附录3　各类土壤pH提高至6.5时的生石灰需要量

单位：kg/hm^2

土壤起始pH	砂土	砂壤土	壤土	粉壤土	黏壤土与黏土
4.0	2 930	5 620	7 860	9 420	11 230
4.5	2 490	4 680	6 490	7 860	9 420
5.0	2 000	3 810	5 180	6 300	7 420
5.5	1 370	2 930	3 810	4 490	5 180
6.0	690	1 560	2 000	2 490	2 680

附录4　土壤盐化程度分级指标

单位：g/kg

盐分组成	水溶性盐含量			
	轻度	中度	重度	盐土
碳酸盐（$CO_3^{2-}+HCO_3^-$）	1～3	3～5	5～7	＞7
氯化物（Cl^-）	2～4	4～6	6～10	＞10
硫酸盐（SO_4^{2-}）	3～5	5～7	7～12	＞12

附录5　土壤碱化程度分级指标

单位：%

级别	轻度	中度	重度	碱土
碱化度（钠饱和度，ESP）	5～10	10～15	15～20	＞20

附录6　中国苜蓿种子质量分级标准

级别	净度（%）	发芽率（%）	种子用价（%）	其他植物种子数（粒/kg）	含水量（%）
1	≥98	≥90	≥88.2	≤1000	≤12
2	≥95	≥85	≥80.8	≤3000	≤12
3	≥90	≥80	≥72.0	≤5000	≤12

附录7　常见化肥的盐分指数

化肥	盐分指数	化肥	盐分指数
硝酸钠	100	硫酸钾	46
硝酸铵	105	硝酸钾	74
硝酸钙	65	磷酸一铵	30
尿素	75	磷酸二铵	34
氯化钾	116	过磷酸钙	10

附录8 紫花苜蓿单位经济产量移出养分量

养分	移出量（kg/吨干草）	养分	移出量（g/吨干草）
氮（N）	25～35	铁（Fe）	160
磷（P_2O_5）	5～7	锰（Mn）	60
钾（K_2O）	20～30	铜（Cu）	5
钙（Ca）	12～18	锌（Zn）	25
镁（Mg）	2～3	硼（B）	40
硫（S）	2～3	钼（Mo）	1

附录9 中国作物土壤养分丰缺分级的历史与现行方案

单位:%

级别	相对产量			
	全国协作组（1987）	农业部（2005）	农业部（2008）	农业部（2011）
极低	＜50	＜50	＜50	
低	50～70	50～75	50～60	＜60
较低			60～70	60～75
中	70～90	75～95	70～80	75～90
较高			80～90	90～95
高	90～100	＞95	＞90	＞95
极高	＞100			

附录 10　作物土壤养分丰缺分级改良方案

单位：%

级别	11	10	9	8	7	6	5	4	3	2	1
相对产量	<10	10～20	20～30	30～40	40～50	50～60	60～70	70～80	80～90	90～100	>100

附录 11　不同丰缺级别土壤、以目标产量作物移出养分量为基数的适宜施用养分量

单位：%

级别	11	10	9	8	7	6	5	4	3	2	1
相对产量	<10	10～20	20～30	30～40	40～50	50～60	60～70	70～80	80～90	90～100	≥100
养分当季利用率	适宜施用养分量										
10	10A	9A	8A	7A	6A	5A	4A	3A	2A	1A	0
20	5A	4.5A	4A	3.5A	3A	2.5A	2A	1.5A	1A	0.5A	0
30	3.33A	3A	2.67A	2.33A	2A	1.67A	1.33A	1A	0.67A	0.33A	0
40	2.5A	2.25A	2A	1.75A	1.5A	1.25A	1A	0.75A	0.5A	0.25A	0
50	2A	1.8A	1.6A	1.4A	1.2A	1A	0.8A	0.6A	0.4A	0.2A	0
60	1.67A	1.5A	1.33A	1.17A	1A	0.83A	0.67A	0.5A	0.33A	0.17A	0
70	1.43A	1.29A	1.14A	1A	0.86A	0.71A	0.57A	0.43A	0.29A	0.14A	0
80	1.25A	1.13A	1A	0.88A	0.75A	0.63A	0.5A	0.38A	0.25A	0.13A	0
90	1.11A	1A	0.89A	0.78A	0.67A	0.56A	0.44A	0.33A	0.22A	0.11A	0
100	1A	0.9A	0.8A	0.7A	0.6A	0.5A	0.4A	0.3A	0.2A	0.1A	0

注：A 代表目标产量作物移出养分量。

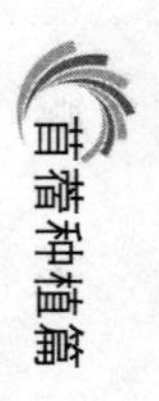

附录 12　中国苜蓿土壤有效磷丰缺指标和适宜施磷量

级别	11	10	9	8	7	6	5	4	3	2	1
缺磷处理相对产量（%）	<10	10～20	20～30	30～40	40～50	50～60	60～70	70～80	80～90	90～100	≥100
土壤有效磷含量（Olsen-P，mg/kg）	<0.1	0.1～0.2	0.2～0.4	0.4～0.8	0.8～1.5	1.5～3	3～6	6～11	11～21	21～40	≥40
目标产量（t/hm^2）	适宜施磷量（P_2O_5，kg/hm^2）										
9	270	243	216	189	162	135	108	81	54	27	0
10.5	315	284	252	221	189	158	126	95	63	32	0
12	360	324	288	252	216	180	144	108	72	36	0
13.5	405	365	324	284	243	203	162	122	81	41	0
15	450	405	360	315	270	225	180	135	90	45	0
16.5	495	446	396	347	297	248	198	149	99	50	0
18	540	486	432	378	324	270	216	162	108	54	0
19.5	585	527	468	410	351	293	234	176	117	59	0
21	630	567	504	441	378	315	252	189	126	63	0
22.5	675	608	540	473	405	338	270	203	135	68	0
24	720	648	576	504	432	360	288	216	144	72	0
25.5	765	689	612	536	459	383	306	230	153	77	0
27	810	729	648	567	486	405	324	243	162	81	0

附录13 P_2O_5 与磷肥的转换系数

P_2O_5	1	P_2O_5	1
过磷酸钙（普钙）	5～8	重过磷酸钙（重钙）	2～3
钙镁磷肥	5～7	脱氟磷肥	5～7
沉淀磷肥	2.5～4	钢渣磷肥	7～13
磷矿粉	10～20	骨粉	2～4
磷酸二铵	2～2.2	硝酸磷肥	5～8
液体磷铵	4.2～5.6	硫磷铵	5
磷酸二氢钾	2	硝磷钾肥	10

附录 14　中国苜蓿土壤速效钾丰缺指标和适宜施钾量

级别	5	4	3	2	1
缺钾处理相对产量（%）	<70	70～80	80～90	90～100	≥100
土壤速效钾含量（NH_4OAc-K，mg/kg）	<25	25～50	50～100	100～200	≥200
目标产量（t/hm^2）	适宜施钾量（K_2O，kg/hm^2）				
9	≥216	162	108	54	0
10.5	≥252	189	126	63	0
12	≥288	216	144	72	0
13.5	≥324	243	162	81	0
15	≥360	270	180	90	0
16.5	≥396	297	198	99	0
18	≥432	324	216	108	0
19.5	≥468	351	234	117	0
21	≥504	378	252	126	0
22.5	≥540	405	270	135	0
24	≥576	432	288	144	0
25.5	≥612	459	306	153	0
27	≥648	486	324	162	0

附录 15　K_2O 与钾肥的转换系数

K_2O	1	K_2O	1
硫酸钾	2	硝酸钾	2.2
氯化钾	1.7	磷酸二氢钾	2.9
窑灰钾肥	5～12	硝磷钾肥	10

附录 16　中国作物土壤微量元素丰缺指标和适宜施肥量

元素	测定方法	临界值（mg/kg）	肥料	施肥量（kg/hm^2）
锌	DTPA	0.5～1.0	七水硫酸锌	15～30
硼	沸水	0.5～1.0	硼砂	7～15
铁	DTPA	2.5～4.5	硫酸亚铁	15～60
锰	DTPA	1.0～3.0	硫酸锰	15～30
铜	DTPA	0.2	硫酸铜	7～30
钼	草酸＋草酸铵，pH3.3	0.1～0.15	钼酸铵	0.5～1.0

附录 17　中国苜蓿土壤有机质丰缺指标和有机肥适宜施用量

级别	极缺	缺乏	中等	丰富	极丰富
有机质含量（g/kg）	＜5	5～10	10～15	15～25	＞25
有机肥施用量（t/hm^2）	＞75	45～75	15～45	0～15	0

附录18　中国苜蓿土壤氮素丰缺指标和播种期适宜施氮量

级别	缺乏	丰富
有机质含量（g/kg）	<15	>15
全氮（g/kg）	<1.2	>1.2
碱解氮（mg/kg）	<100	>100
施氮量（N，kg/hm^2）	30～150	0

附录19　不同气候条件下草坪最大蒸散强度

单位：mm/d

气候条件	最大蒸散强度	气候条件	最大蒸散强度
寒冷地区潮湿天	2.5	寒冷地区干旱天	3.8
温暖地区潮湿天	3.8	温暖地区干旱天	5.1
炎热地区潮湿天	5.1	炎热地区干旱天	7.6

附录20　不同类型土壤的孔隙率和以容积计算的田间持水量

单位：%

土壤类型	孔隙率	田间持水量
砂土	30～40	12～20
砂壤土	40～45	17～30
壤土	45～50	24～35
黏土	50～55	35～45
重黏土	55～60	45～55

附录21　不同类型土壤的稳定入渗速率

单位：mm/h

土壤类型	砂土	砂粉壤	壤土	黏壤	碱化黏壤
稳定入渗速率	＞20	10～20	5～10	1～5	＜1

附录22　不同类型土壤不形成地表径流和积水的允许喷灌强度

单位：mm/h

土壤类型	砂土	壤砂土	砂壤土	壤土	黏土
允许喷灌强度	20	15	12	10	8

附录23　阿鲁科尔沁旗多年平均逐旬、逐月参照作物蒸散量

单位：mm

月份	1	2	3	4	5	6	7	8	9	10	11	12
上旬	4	7	15	33	49	56	50	45	35	24	13	5
中旬	4	9	19	38	52	51	47	42	31	20	9	5
下旬	6	9	27	44	62	51	54	45	27	17	6	5
全月	14	26	61	115	163	157	151	132	93	61	28	15

附录 24 阿鲁科尔沁旗紫花苜蓿不同生产阶段水分需求规律和灌溉定额

生产时期	第1茬	第2茬	第3茬	第4茬	生长季	非生长季	全年
参照作物蒸散量（mm）	245	207	188	198	839	175	1014
需水强度（mm/d）	4.3	4.7	4.1	2.5	3.7	0.4	2.3
需水量（mm）	221	187	169	179	755	70	825
降水量（mm）	36	92	138	64	330	18	348
有效降水量（mm）	27	69	103	48	247	14	261
灌溉需水量（mm）	194	118	66	131	508	56	564
灌溉定额（mm）	228	139	78	154	598	66	664
灌水定额（mm）	30～50	30～50	30～50	20～50	20～50	5～10	5～50

附录 25 陕西榆林多年平均逐旬、逐月参照作物蒸散量

单位：mm

月份	1	2	3	4	5	6	7	8	9	10	11	12
上旬	7	10	20	35	47	55	51	46	35	25	16	9
中旬	7	14	25	39	50	55	52	43	30	23	12	7
下旬	9	14	34	45	61	54	56	45	26	21	10	7
全月	23	38	79	119	158	164	159	134	91	69	38	23

附录 26　陕西榆林紫花苜蓿不同生产阶段水分需求规律和灌溉定额

生产时期	第1茬	第2茬	第3茬	第4茬	生长季	非生长季	全年
参照作物蒸散量（mm）	277	215	197	221	910	185	1 095
需水强度（mm/d）	4.1	4.8	4.3	2.4	3.7	0.5	2.5
需水量（mm）	249	194	177	199	819	74	893
降水量（mm）	53	68	131	135	387	22	409
有效降水量（mm）	40	51	98	101	290	17	307
灌溉需水量（mm）	209	143	79	98	529	57	586
灌溉定额（mm）	246	168	93	115	622	67	689
灌水定额（mm）	30～50	30～50	30～50	20～50	20～50	5～10	5～50

参考文献

曹影，孙洪仁，刘琳，等，2013. M3 法与常规方法测定黄骅市苜蓿土壤有效磷、钾相关性及其转化公式研究 [J]. 牧草与饲料，7 (2)：99-102，128.

曹影，孙洪仁，刘琳，等，2013. M3 法与常规方法测定黄骅市苜蓿土壤有效锌、铁、铜、钙、镁相关性及其转化公式研究 [J]. 牧草与饲料，7 (2)：103-107.

丁宁，孙洪仁，刘治波，等，2011. 坝上地区紫花苜蓿的需水量、需水强度和作物系数（Ⅳ）[J]. 草地学报，19 (6)：933-938.

丁宁，孙洪仁，刘治波，等，2011. 灌溉量对紫花苜蓿水分利用效率和耗水系数的影响（Ⅳ）[J]. 牧草与饲料，5 (4)：8-15.

韩建国，孙洪仁，玉柱，等，2009. 牧草 100 问 [M]. 北京：中国农业出版社.

李品红，孙洪仁，刘爱红，等，2009. 坝上地区紫花苜蓿的需水量、需水强度和作物系数（Ⅱ）[J]. 草业科学，26 (9)：124-128.

李新一，孙洪仁，马金星，等，2010. 主要优良饲草高产栽培技术手册 [M]. 北京：中国农业出版社.

李扬，孙洪仁，丁宁，等，2011. 紫花苜蓿根系生物量 [J]. 草地学报，19 (5)：872-879.

李扬，孙洪仁，沈月，等，2012. 紫花苜蓿根系生物量垂直分布规律 [J]. 草地学报，20 (5)：793-799.

刘爱红，孙洪仁，孙雅源，等，2011. 坝上地区紫花苜蓿的需水量、需水强度和作物系数（Ⅲ）[J]. 牧草与饲料，5 (1)：25-29.

刘爱红，孙洪仁，孙雅源，等，2011. 灌溉量对紫花苜蓿水分利用效率和耗水系数的影响（Ⅲ）[J]. 草业与畜牧（7）：1-5.

马令法，孙洪仁，魏臻武，等，2009. 坝上地区紫花苜蓿的需水量、需水强度和作物系数（Ⅰ）[J]. 中国草地学报，31（2）：116-120.

邵光武，刘治波，孙洪仁，等，2012. 黄骅市紫花苜蓿土壤有效磷丰缺指标初步研究 [J]. 草业科学，29（12）：1805-1809.

孙洪仁，卜耀军，杨彩林，等，2020. 黄土高原紫花苜蓿土壤有效磷丰缺指标与适宜施磷量研究 [J]. 中国草地学报，42（2）：41-46.

孙洪仁，曹影，刘琳，等，2014. “养分平衡—地力差减法”确定适宜施肥量的新应用公式 [J]. 黑龙江畜牧兽医（4上）：1-4.

孙洪仁，曹影，刘琳，等，2018. 内蒙古高原和黄土高原紫花苜蓿土壤有效磷和速效钾丰缺指标与适宜施肥量研究 [J]. 黑龙江畜牧兽医（19）：30-35.

孙洪仁，曹影，刘琳，等，2017. 紫花苜蓿施肥的理论和技术 [J]. 中国奶牛（8）：55-59.

孙洪仁，曹影，刘琳，等，2014. 测土施肥不同丰缺级别土壤的适宜施肥量 [J]. 黑龙江畜牧兽医（12上）：7-11.

孙洪仁，曹影，刘琳，等，2014. 测土施肥土壤有效养分丰缺分级改良方案 [J]. 黑龙江畜牧兽医（10上）：1-5.

孙洪仁，曹影，刘琳，等，2017. 中国北方紫花苜蓿土壤速效钾丰缺指标与适宜施钾量初步研究 [J]. 黑龙江畜牧兽医（1上）：1-4.

孙洪仁，曹影，刘琳，等，2016. 中国北方紫花苜蓿土壤有效磷丰缺指标与适宜施磷量初步研究 [J]. 中国土壤与肥料（3）：30-36.

孙洪仁，关天复，孙建益，等，2009. 不同生长年限紫花苜蓿水分利用效率和耗水系数的差异 [J]. 草业科学，26（3）：39-42.

孙洪仁，韩建国，张英俊，等，2004. 蒸腾系数、耗水量和耗水系数的含义及其内在联系 [J]. 草业科学，21（增）：522-526.

孙洪仁，刘国荣，张英俊，等，2005. 紫花苜蓿的需水量、耗水量、需水强度、耗水强度和水分利用效率研究 [J]. 草业科学，22 (12)：24-30.

孙洪仁，刘琳，曹影，等，2014. 紫花苜蓿灌溉的理论和技术 [J]. 中国奶牛 (11/12)：13-16.

孙洪仁，刘琳，邵光武，等，2015. 适宜中国草都紫花苜蓿安全越冬的理论和技术 [J]. 中国奶牛 (23/24)：1-3.

孙洪仁，马令法，何淑玲，等，2008. 灌溉量对紫花苜蓿水分利用效率和耗水系数的影响 (Ⅰ) [J]. 草地学报，16 (6)：636-639，645.

孙洪仁，武瑞鑫，李品红，等，2015. 中国草都紫花苜蓿越冬返青成败的关键原因 [J]. 中国奶牛 (18)：15-18.

孙洪仁，武瑞鑫，李品红，等，2008. 紫花苜蓿根系入土深度 [J]. 草地学报，16 (3)：307-312.

孙洪仁，杨晓洁，吴雅娜，等，2017. 阿鲁科尔沁旗紫花苜蓿需水规律与灌溉定额 [J]. 草业科学，34 (6)：1272-1277.

孙洪仁，张英俊，韩建国，等，2006. 北京平原区紫花苜蓿建植当年的需水规律 [J]. 中国草地学报，28 (4)：35—38，44.

孙洪仁，张英俊，韩建国，等，2005. 紫花苜蓿的蒸腾系数和耗水系数 [J]. 中国草地，27 (3)：65—70，74.

孙洪仁，张英俊，历卫红，等，2007. 北京地区紫花苜蓿建植当年的耗水系数和水分利用效率 [J]. 草业学报，16 (1)：41-46.

孙洪仁，2003. 紫花苜蓿的蒸腾系数及紫花苜蓿和玉米的经济产量耗水系数比较 [J]. 草地学报，11 (4)：346-349.

王彦，朱凯迪，孙洪仁，等，2020. 内蒙古高原紫花苜蓿土壤有效磷丰缺指标与推荐施磷量研究 [J]. 草地学报，28 (2)：577-582.

武瑞鑫，孙洪仁，孙雅源，等，2009. 北京平原区紫花苜蓿最佳秋季刈割时期研究 [J]. 草业科学，26 (9)：113-118.

谢勇，孙洪仁，张新全，等，2012. 坝上地区紫花苜蓿氮、磷、钾肥料效应与推荐施肥量 [J]. 中国草地学报，34 (2)：52-57.
谢勇，孙洪仁，张新全，等，2010. 坝上地区紫花苜蓿土壤铁、锰和锌丰缺指标初步研究 [J]. 草业与畜牧 (10)：6-11.
谢勇，孙洪仁，张新全，等，2011. 坝上地区紫花苜蓿土壤有效磷、钾丰缺指标初探 [J]. 草业科学，28 (2)：231-235.
钟培阁，孙洪仁，阎旭东，等，2019. 黄淮海平原紫花苜蓿土壤有效磷丰缺指标与适宜施磷量研究 [J]. 黑龙江畜牧兽医 (23)：88-91.
周禾，董宽虎，孙洪仁，2004. 农区种草与草田轮作技术 [M]. 北京：化学工业出版社.

图书在版编目（CIP）数据

苜蓿燕麦科普系列丛书．苜蓿种植篇／贠旭江总主编；全国畜牧总站编．—北京：中国农业出版社，2020.12（2023.11 重印）

ISBN 978-7-109-27471-6

Ⅰ.①苜…　Ⅱ.①贠…②全…　Ⅲ.①紫花苜蓿—栽培技术　Ⅳ.①S541②S551

中国版本图书馆 CIP 数据核字（2020）第 195776 号

中国农业出版社出版

地址：北京市朝阳区麦子店街 18 号楼

邮编：100125

责任编辑：赵　刚　肖　杨

版式设计：王　晨　　责任校对：沙凯霖

印刷：中农印务有限公司

版次：2020 年 12 月第 1 版

印次：2023 年 11 月北京第 2 次印刷

发行：新华书店北京发行所

开本：880mm×1230mm　1/32

印张：5.25

字数：124 千字

定价：35.00 元
